应用型普通高等院校
艺术及艺术设计类教材

产品创意设计

主　编　王艳群　张丙辰

副主编　吴　寒　徐　平　宋丽姝

北京理工大学出版社
BEIJING INSTITUTE OF TECHNOLOGY PRESS

内容提要

本书详尽阐述了产品创意设计所包含的知识体系，重点讲述了产品创意设计的范畴、创意思维、创意的产生、创意设计方法、创意过程视觉呈现，以及系统、完整的产品创意设计案例，完整地描述了产品创意设计的一般过程和表达内容。

书中的设计案例摘自近几年国内外知名设计大赛获奖作品、企业和设计公司的优秀设计作品及课程教学中学生设计的优秀作品，案例经典，内容翔实，便于学生学习。

本书可作为应用型普通高等院校艺术及艺术设计类相关专业的教学用书，也可供从事工业产品设计的工作者阅读参考。

图书在版编目（CIP）数据

产品创意设计/王艳群，张丙辰主编.—北京：北京理工大学出版社，2017.8（2020.8重印）
ISBN 978-7-5682-4687-3

Ⅰ.①产… Ⅱ.①王… ②张… Ⅲ.①产品设计－造型设计 Ⅳ.①TB472

中国版本图书馆CIP数据核字(2017)第203797号

出版发行 / 北京理工大学出版社有限责任公司

社　　　址 / 北京市海淀区中关村南大街5号

邮　　　编 / 100081

电　　　话 / （010）68914775（总编室）

　　　　　　（010）82562903（教材售后服务热线）

　　　　　　（010）68948351（其他图书服务热线）

网　　　址 / http：//www.bitpress.com.cn

经　　　销 / 全国各地新华书店

印　　　刷 / 河北鸿祥信彩印刷有限公司

开　　　本 / 787毫米×1092毫米　1/16

印　　　张 / 6

字　　　数 / 128千字

版　　　次 / 2017年8月第1版　2020年8月第3次印刷

定　　　价 / 36.00元

责任编辑 / 李志敏

文案编辑 / 赵　轩

责任校对 / 周瑞红

责任印制 / 施胜娟

PREFACE

前言

　　创意是指在已具备的片断知识——数据和理论中发现新的模式。通过组合，把原来彼此分离的各种数据和理论联系起来并进行整理，产生一种新的思维模式，即创意的过程。创意设计具有一定的目的、方法和程序，感性和理性并重。

　　产品创意设计方法是高等院校工业设计专业的必修课程之一，其目的是研究产品设计的一般过程和方法。本书基于工业设计专业的教学思想，结合真实的设计案例对设计理论知识进行简明扼要的阐述，深入浅出地讲述了产品创意设计过程中所采用的具体方法。

　　本书在编写过程中尤其注重知识的连贯性和系统性，便于读者将不同的知识点很好地衔接。

　　本书是江苏省教育厅高校哲学社会科学基金项目"基于交互体验的儿童教育产品创意设计研究"（2016SJB760052），江苏师范大学自然科学研究基金重点项目"以感觉统合评定量表数据分析为依据的儿童教育产品设计研究"（15XLA10）。

本书整体框架设计和研究思路由江苏师范大学王艳群提出。全书具体编写分工为：第1章和第2章由张丙辰老师编写，第3章由吴寒老师编写，第4章由王艳群老师编写，第5章由徐平老师编写，第6章由宋丽姝老师编写。宋丽姝老师最后做了大量的统稿和校对工作。

本书在编写过程中，承蒙江苏师范大学邢邦圣教授的指导，并得到江苏师范大学工业设计系梁艳霞老师的支持和鼓励。书中的相关案例由徐海豪、郭立杰、李浩东、李颖、尹金等设计师提供。另外，龙慧苓、时苗苗、谢淑鑫等同学在本书编写过程中做了大量工作。在此，一并表示感谢。

由于编者水平有限，书中不足和错误之处在所难免，恳请使用本教材的师生给予批评指正。

编　者

CONTENTS

目录

第 5 章 创意过程视觉呈现 / 057

第 6 章 创意设计案例——基于互动体验的
　　　　 儿童益智类玩具设计 / 071

参考文献 / 090

第1章 概　述

内容索引

概　述
- 创意设计概述
- 创意设计要素
  - 以人为本
  - 创意思维
  - 创意表现

产品设计范畴
- 办公用品设计
- 玩具设计
- 家用电器设计
- 家具设计
- 医疗健康产品设计
- 交通、通信工具设计
- 生产机械设计
- 服务设计

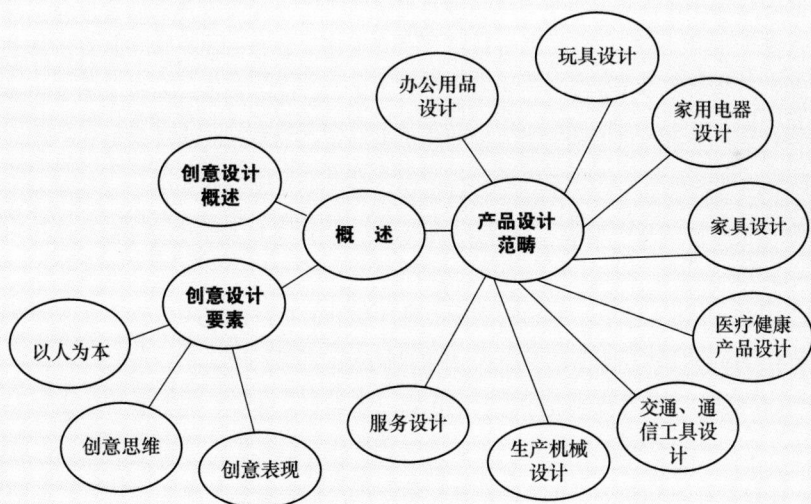

英国设计理论家Archer教授说："设计是以解决问题为导向的创造性活动。"

设计同许多因素发生着或深或浅、或隐或现的关系，表象上表现为设计师将形式、造型、色彩、材料、工艺、成本等因素创造性地组织在一起，而深层次上却与宏观方面的科学、技术、艺术、文化、社会、经济、环境、历史等因素紧密相关。设计创意就在于协调诸多"关系因素"，从中发现问题并找到合理的解决办法。

1.1 创意设计概述

创意设计是一种创造性的活动，其目的是为物品、过程、服务以及它们在整个生命周期中构成的系统建立起多方面的品质。它既是创意人性化的重要因素，也是经济文化交流的关键因素。就其本质而言，创意设计是在有限的时空范围内，在特定的物质条件下，人们为了满足一定的需求而进行的一种创意思维活动的实践过程。

人类无时无刻不在进行着创意设计活动，人们生活里对物的改变与使用行为，本身就是一种设计行为。人类天生就拥有发现工具、使用工具、设计工具、修饰工具的能力，这种得天独厚的能力就是创意。人类天生就具有创意，这种创意可以理解为人性的自我、爱美、懒惰、好奇、聪明、弄巧等的综合体。例如，人性的自我，可以从寓言故事、卡通漫画、拟人化的故事里看出来；人性的爱美，促成了人类对自身形象的修饰与对使用工具的修饰；人性的懒惰，促成了人类借助工具以较少的劳力来完成较多的工作；人性的好奇，促成了人类对未知世界的探索；而聪明与弄巧即设计活动与设计结果的形容词。人类就是通过自身这种固有的创意性格推动着人类文明的发展。

通常人们在理解什么是创意时，会发现创意可以有很多不同的说法。当人们通过"创意"对实际物品进行制造生产时，又会发现，创意几乎成为超越其他设计活动的一个最重要的特质。设计专业就是将人们这种天生的创意进行物化表现，用于日常生活、生产器械、学习、娱乐等用品上，让人们的日常生活、生产活动更加方便、高效。

创意设计是指充分发挥设计者的创造性思维，将科学、技术、文化、艺术、社会、经济融汇在设计之中，设计出具有新颖性、创造性和实用性的新产品的一种实践活动。其主旨是在最有可能发挥创造力的产品概念设计阶段产生新的有市场竞争力的概念或设想，即创意方案。这些方案最终形成的产品或在功能，或在外表，或在使用方式，或在表达思想上具有与众不同的特性，能够在市场上迅速而准确地吸引顾客，继而使其接受该新产品。创意设计的理论、方法和工具的研究与普及，是通过创建有利于设计人员进行创新的理论模型、思维方法和辅助工具，来引导、帮助设计人员有效地利用内外部资源激发创意灵感，在产品概念设计、方案设计阶段高效率、高质量地提出创新设计方案，有效地满足客户对产品求新和多样化的需求，从而成为提高企业新产品开发能力和经济效益的根本手段。可以说，产品设计专业的任务就是发挥创意并方便人的造型活动。而这也体现了产品创意设计的目标（图1-1）。

德国设计师ARTEFAKT industriekultur的这款自行车是专门为计时赛和铁人三项运动设计

的，设计师根据空气动力学优化了自行车结构，从而可以提高运动员在运动中的成绩。Speedmax CF SLX自行车的车架研发基于复杂的计算流体动力学分析。这些研究首先用于管状结构的外轮廓剖面，使结构的空气阻力大大减少。借助于这些研究，一款全新的车架被设计出来，刹车系统和座椅与车架都采用一体化设计，并且同时满足形态要求和技术

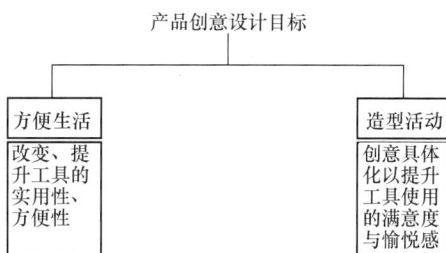

图 1-1 产品创意设计目标

要求。在经过大量风洞测试后，这款自行车的性能得到肯定，展现出了极强的空气动力学特性。在视觉上它简洁纯粹，反映出了高品质和功能性。精确设计的外轮廓线和平行四边形结构使它的高品质和功能性得到进一步加强（图1-2）。

图 1-2 Speedmax CF SLX 自行车 ARTEFAKT industriekultur

1.2 产品设计范畴

在西方文艺复兴时期，产品设计、艺术、建筑这三种专业是没有任何区分的。达·芬奇、米开朗琪罗·博纳罗蒂等人既是艺术家，也是设计师，更是建筑师。从产品设计史来看，当代的产品设计专业是在19世纪末，通过工艺美术运动，从艺术专业中分化出来的。在20世纪90年代的后现代设计中，有不少设计评论家提出将产品设计与艺术创作再度结合，但是在广泛的产品设计领域里，随着新生事物的不断增加，逐渐细分出多种不同的产品设计方向。初步将这些方向划分，如图1-3所示。

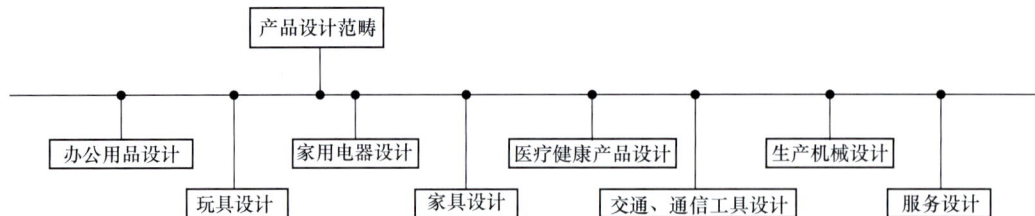

图1-3　产品设计范畴

1.2.1　办公用品设计

办公用品指学习或办公时所用的辅助工具，如传统文化中常提到的笔、墨、纸、砚。如今办公用品的种类越来越多，有中性笔、钢笔、铅笔、麦克笔等书写绘画工具，有计算机、打印机、复印机等文档处理设备，有收款机、电报机、电话机、扫描仪、投影仪、摄像机、计时收费器、密码器等外围设备。

订书机是频繁用于办公室装订的文具，传统的订书机只可以订到纸的边缘，当需要装订中间部位时，就失去了功效，图1-4所示这款45°订书机，其头部通过创意设计，可以在45°角范围内灵活弯曲，保证了订书机的头部可以订到纸张的任意部位，实现灵活装订（图1-5）。

随着生活的智能化发展，对智能文具的需求也越来越旺盛。智能文具为文化创新提供了新资源、新工具、新模式，也带来了办公模式的变革。图1-6和图1-7所示这款F50简易便捷的触控智能笔可以随时随地分享你的想法。生活中，笔和纸是最直接、最清楚表达人的灵感的材料，这款智能笔可以通过书写或绘画来表达人们一闪而逝的想法，用其在便笺上书写的同时，可以将书写的内容永久存储为矢量数据或图像，并且可以即时分享。

图1-4　45°订书机　周俊、唐卫东（南华大学）

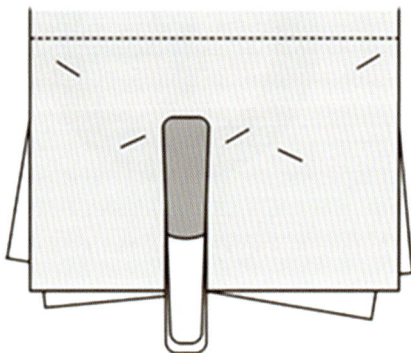

Before

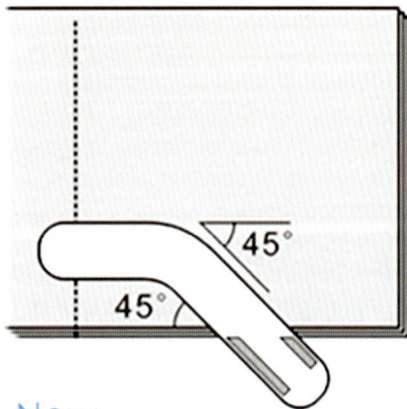

Now

图1-5　45°订书机使用示意图

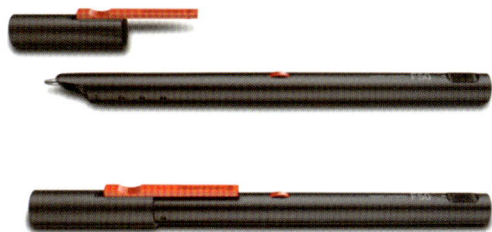

图 1-6 F50 触控智能笔
NeoLAB Convergence Inc. 公司

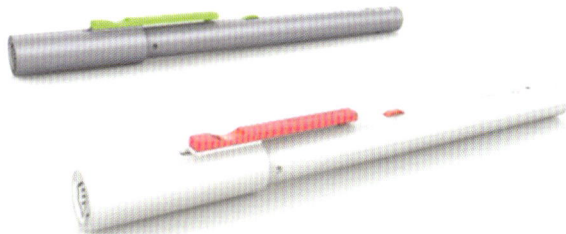

图 1-7 F50 触控智能笔
NeoLAB Convergence Inc. 公司

1.2.2 玩具设计

玩具指同时达到学习与娱乐效果的辅助工具，如传统的布偶娃娃、七巧板、纸牌、各式棋类游戏工具，如今的凯蒂猫玩偶、电动游戏机，乃至大型的赌博类玩具、公共场所的游乐设施等。我们一般对"玩具"的认识，似乎还停留在"儿童玩具"上，显然，玩具已经不只局限于儿童玩具，如椭圆跑步机，既是运动器材，也是儿童眼中的玩具，并没有严格的界限。另外，如iPad，既有娱乐的功能又有学习模块的植入。

Bontoy Friendimal / Ride-on toy骑式玩具和其他的骑式玩具不同，它迎合年龄在3~8岁的孩童，鲸鱼形状的骑式玩具通过设计可以随时适应儿童生长的高度。除此之外，它非常适合于室内玩耍，耐用且高质量的橡胶轮确保了其滑动时平稳且无噪声，意味着鲸鱼骑式玩具在带给孩子们非常棒的骑行活动体验的同时，家长们也不会被噪声打扰。其简约的设计也让孩子们强化了保护濒危动物这一理念（图1-8和图1-9）。

图 1-8 Bontoy Friendimal/Ride-on toy 骑式玩具 Efolium Co., Ltd. 公司

图 1-9 Bontoy Friendimal/Ride-on toy 骑式玩具分解及使用图形

1. 2. 3 家用电器设计

家用电器指家庭电器用品，包括电视机、电冰箱、电饭锅、电扇、空调、电热水器、净化器、洗衣机、洗碗机、烤面包机、微波炉等。目前，由于家用电器的需求量极大，家电设计在产品设计领域里占据着主流地位。随着人们生活水平的提高，许多新的家电产品不断出现，如智能化电气设备。即使是原有的家电产品，其功能与外形也在不断创新，如电饭锅、电扇等。

飞利浦公司的Atom Kettle水壶，以其优雅的透明设计而受人喜爱，其设计理念非常时尚，并且设计成果十分坚固和耐用。Atom水壶操作简易，可使水快速沸腾，具有完全可移动的盖子和光滑的内部，所以清洗也十分简单。不透明的外观包胶膜可隐藏水垢，细致的过滤器让水变得更干净。Atom水壶的生态设计、效率和价格提升了飞利浦绿色产品的地位（图1-10）。

图 1-10　Atom Kettle 水壶　Royal Philips 公司

对常用的家用电器产品——电扇的改进，从最初简单的马达加螺旋扇叶，到摇摆范围调整，到风力强弱调整，到添加定时装置，到触控安全装置，到强弱自然风调整，到螺旋扇叶的消失，不但改进的内容越来越细，而且使用方式也越来越贴心，这些改进的依据就是以人为本的设计理念。

图1-11和图1-12所示这款Air Circulating Fan是一个循环风扇，其产品特性是，通过9片扇叶与24V超低电压变频电机设计，可提供轻柔和强劲两种风力，可90°上下调整和摇摆动作，满足通风空间的要求。该风扇的直杆可以根据不同用户的生活模式来调节不同的高度。

图 1-11　Air Circulating Fan　Midea 公司　　　图 1-12　90°上下调整和摇摆

1.2.4　家具设计

家具设计指居家所必需的用具，如桌、椅、床、柜，以及卫浴厨房设备等的设计。传统家具设计多与建筑设计相结合，这不仅是因为传统家具以木制品为主，更因为传统家具所处的环境通常只在建筑物内。现今家具设计的内容与范围更加宽泛，归类于产品设计领域，成为该领域里除了家电设计外的另一大主流设计。现今家具设计的范围，大致包括桌椅床柜、一般家具、卫浴厨房家具、书房办公家具与车具内装家具等。

从事家具设计，需要具备使用功能、使用目的、人因工程、产品造型与结构原理等知识和技术。此外，还要进一步了解人们对家具设计的各类需求，如对人体的坐卧站姿、人体工作状态与休息状态的转换、人体部分器官功能工作或休息状态下的生理与心理反应等的研究。

Attitude Sofas是可以拆卸、组装的系列家具用品。这款柔软舒适的沙发扶手可以旋转打开作为休息用的长沙发，也可以作为舒适的坐卧两用的长椅。所有座椅都安装了隐藏的固定头部的头靠（图1-13和图1-14）。

图 1-13　Attitude Sofas　brühl

图 1-14　Attitude Sofas　brühl

PUSH-Coat-Hanger是一款衣架，这款衣架可以防止衣服晒在外面被风吹落。 PUSH衣架基于一个简单的原理设计：连通各部位使衣架稳固地挂在吊杆上，通过按压衣架的挂钩，可以移除衣架。 PUSH衣架有各种形状和设计方式，样式简单，可以用预制木材、塑料或金属材料来制作（图1-15和图1-16）。

图 1-15　PUSH-Coat-Hanger 衣架
Serge Atallah

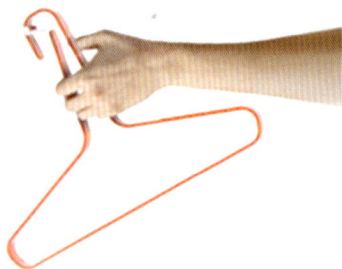

图 1-16　PUSH-Coat-Hanger 衣架
Serge Atallah

1. 2. 5　医疗健康产品设计

医疗健康产品很容易与其他产品区分开来，它包括医院里的各种医疗设施。目前一些简单易操作的监护类医疗器械已经进入家庭中，例如电子血压计、胎心监护仪等。医疗健康器材还包括残障辅助类设备，除了肢体障碍的辅具外，近视眼镜、远视眼镜、太阳眼镜等，都可视为医疗健康产品。

在进行医疗健康产品设计时，除了要具备使用功能、使用目的、人因工程、造型与结构原理等知识外，更要进一步地掌握人的生理、心理甚至医学、诊疗、健身的知识与技术。

图1-17和图1-18所示是由德国制造商Paftec Australia P/L采用人体工程学原理制造的一款在神经外科等手术中摆放手术显微镜的滑动落地支架，这款支架方便移动并稳固摆放显微镜。该设计着重本质，创新性的润滑效果可有效防止置于支架上的显微镜产生震动而影响成像，保证了手术过程的安全性。此外，它的自动平衡功能保证了其无论何时都能通过调整支架角度来保持显微镜的平衡。为了达到安全、轻便的滑动及支撑效果，该支架还设计了按钮，只要按下支架上或显微镜上的橙色按钮，制动器便会启动，在调整好支架后松开按钮，制动器便会自动固定。另外，该支架平滑的表面也能够满足使用场所严格的卫生要求。

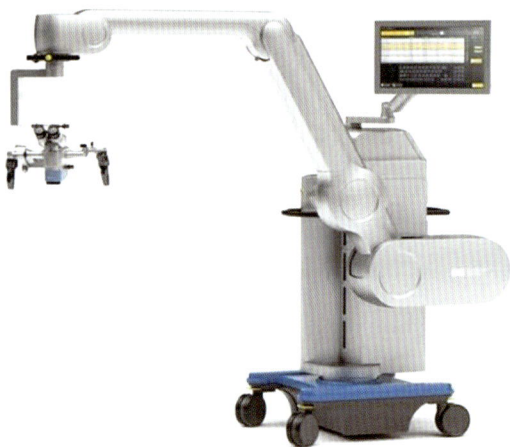

图 1-17　FS 5-33 手术显微镜落地支架
Paftec Australia P/L

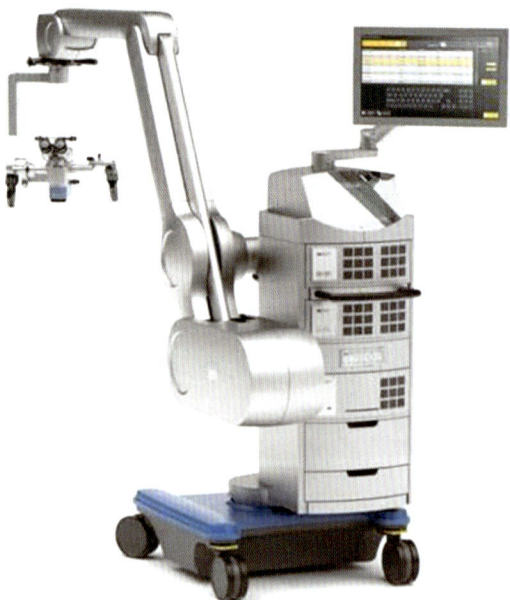

图 1-18　FS 5-33 手术显微镜落地支架
Paftec Australia P/L

图1-19和图1-20所示这款医用谷歌眼镜可以通过增强外科手术中的现实感，提供患者全身的图像信息以及该病患的医疗记录，从而方便医生更快速地找出合适的治疗方案。医用谷歌眼镜的医疗应用不仅仅局限于医院，在家中也同样适用。它能够提醒患者及时服药、做运动，帮助老年痴呆患者记录每天的日常活动，对糖尿病患者发出不安全食物警告，提醒长期不外出的人们出去走动。据统计，美国每年外科手术至少会发生4 000次失误，如果所有的医生都能够佩戴医用谷歌眼镜，那么外科手术失误的次数将会大幅下降。

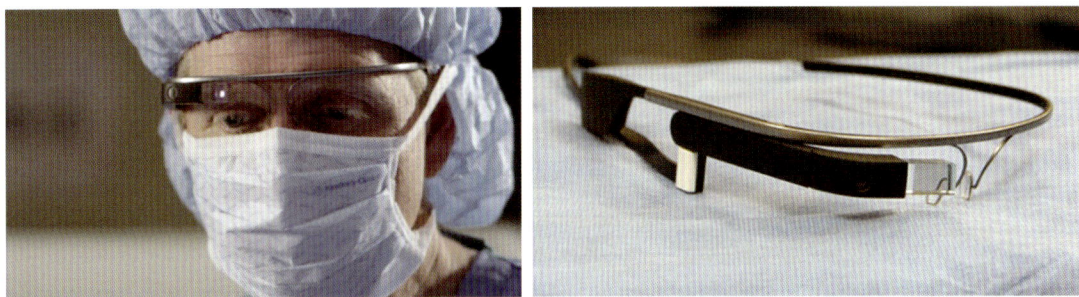
图 1-19 医用谷歌眼镜 谷歌

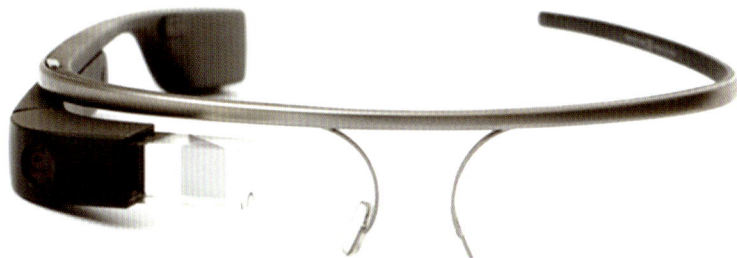
图 1-20 医用谷歌眼镜 谷歌

图1-21和图1-22所示这款医学三维移动扫描仪取代了传统的化学牙科模具，使用小巧而精确的三维数码相机扫描和发送数据。该设备可以动态地传达模型的每一个角度，并可以与其他人员随时共享信息。另外，它还可以成为临床医生和患者之间口腔健康对话的媒介。

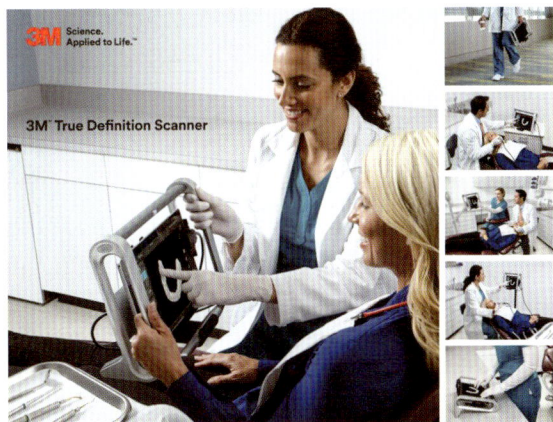
图 1-21 3MTM Mobile True Definition Scanner 3M 公司

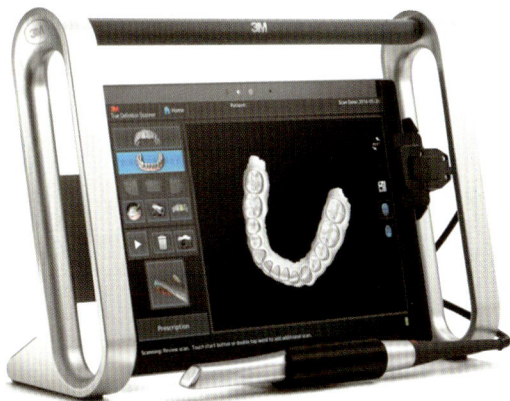
图 1-22 3MTM Mobile True Definition Scanner 3M 公司

1.2.6 交通、通信工具设计

交通工具指代步的工具，诸如脚踏车、电动车、汽车、飞机、船舰、火车以及升降梯、电扶梯等。通信工具指对人类信息处理、传递的工具，诸如钟表、电话、手机、计算机以及电子警卫系统、刷卡门禁、金融卡、银行柜员机等。

图1-23所示这款法拉利488 GTB跑车由法拉利造型中心Flavio Manzoni指导设计，该跑车雕塑般的侧面轮廓是它的特色。从空气动力学来看，这款跑车设计具有高效性，同时，它也保留了法拉利特色的古典风格，张扬的外形衬托出它独特的运动感和高性能。优雅的双前扰流器的设计灵感来自一级方程式赛车，两个挂架和偏转器将空气引导至车身下方。此外，采用新款颜色Rosso Corsa Metallizzato，衬托出法拉利的运动特性及独特的优雅气质。为满足目标用户的精致品味，这款跑车的内部设计更营造出了赛车的氛围。

1.2.7 生产机械设计

生产机械指各行各业从事生产所需要的工具，特别是指第一产业（农、林、渔、牧）与第二产业（工业）生产时所需要的工具，如农具（人力兽力农具与机电农具）、渔具以及所有工业用机器与生产线装置等。

生产机械设计领域与机械专业领域，有相当大的重叠，一方面说明了生产机械设计领域除了需要一般产品设计知识与技术外，更需要机械、机电方面的知识与技术；另一方面也说明了产品设计是一种跨领域的行业。设计者除须充实产品设计专业知识与技术，对相关行业间知识、技术的整合、运用也要有十分的把握。

图1-24和图1-25所示这款1050K履带式推土机是用于采矿、采石、道路建设和其他大型建设工程的工具，该推土机由John Deere负责设计。他对已有的产品进行了重新设计，其对推土机力量的真实感知和对机器本身韧性和耐久性特点的把握是设计成功的关键。有力的倒角设计，大块的色彩分割和稳固的比例设计使产品具有坚固、稳定的外在形象。

图 1-23 法拉利 488 GTB 跑车 法拉利造型中心

图 1-24 1050K Crawler 履带式推土机 John Deere

图 1-25 1050K Crawler 履带式推土机 John Deere

1.2.8 服务设计

服务设计是站在产品和界面设计的角度上，将成熟的创造性的设计方法运用于服务中，尤其是源于界面设计中的交互和体验方面。简单地说，服务设计就是将设计的理念融入服务的规划与流程本身，从而提高服务质量，改善消费者的使用体验。

服务设计是通过服务规划、产品设计、视觉设计和环境设计来提升服务的易用性、满意度、忠诚度和效率，也包括传递服务的人员向用户提供更好的体验，为服务提供者和服务接受者创造共同的价值。服务设计规划与流程如图1-26所示。

苹果公司的服务设计堪称经典的案例之一，其品牌产品从iMac、iPhone到iPad，都通过全新的人机交互界面与操控方式，引领着工业设计向深度与广度发展的新阶段，提升了服务设计的地位。人们对人机交互界面与内容人性化的需求在有意或无意地增长，服务模式上的进步，为人与产品间搭建了一座互动的桥梁。苹果品牌从某种意义上来讲，也即服务设计发展的典范（图1-27）。

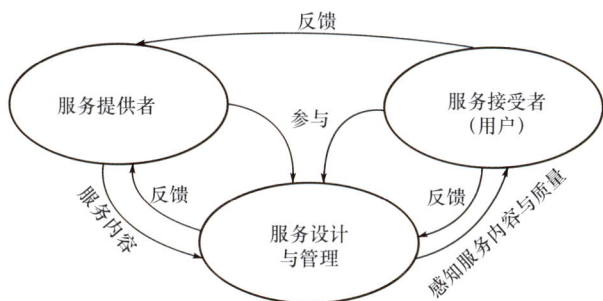

图1-26 服务设计规划与流程图　　图1-27 苹果公司产品

图1-28和图1-29所示为一款服务型机器人。作为人类的助理，它可以不断地学习人类的行为来提升自己。Phoenix Design GmbH + Co. KG 设计的这款 Care-O-bot® 4机器人拥有优美的姿态和表情，可以自主导航、自动探测并避开障碍物，并且可以拿起用户要求它拿起的东西。模块化设计赋予Care-O-bot® 4应对环境多样性的能力。高度标准化设计使Care-O-bot® 4成为移动服务机器人领域的里程碑。它的臂关节与单指机械手均根据雄克公司移动抓取系统的标准化模块设计，其部件具有轻质节能的特点，可用于工业环境测量及测试，也可用于为人们日常生活提供服务。基于此，行动敏捷、模块化设计、价格亲民的服务型机器人将会成为未来用户生活中不可或缺的一部分。

慢性病患者生活在目前的家庭医疗系统中，主要面临着财务和后勤方面的挑战。结合创新、原型、设计和研究的创造过程，Philips设计团队设计了一个以病人为中心，具有成本效益的、主动的远程医疗健康管理系统。临床医生、商业专家、分析人士、开发人员、研究人员和设计师利用服务蓝印技术和参与模式设计研讨会，从不同的角度做出了贡献。

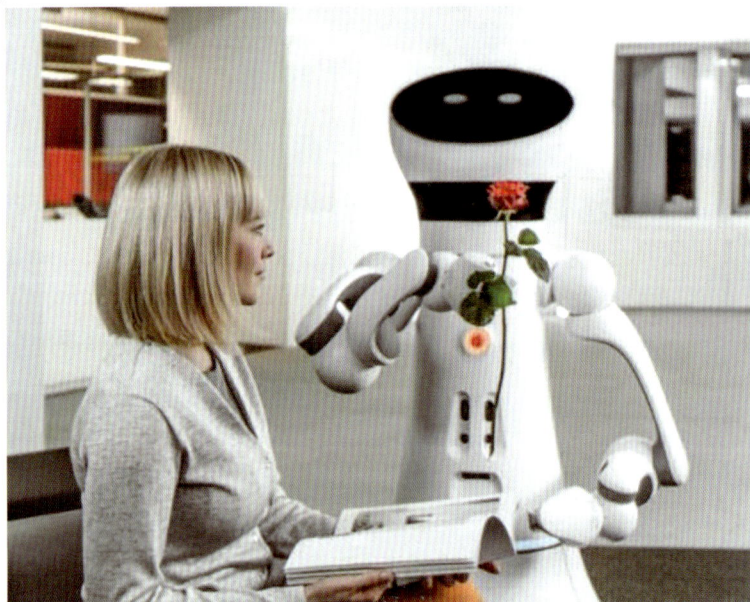

图 1-28　Care-O-bot ® 4 机器人
Phoenix Design GmbH + Co. KG

图 1-29　Care-O-bot ® 4 机器人
Phoenix Design GmbH + Co. KG

　　这款远程医疗健康管理系统主要针对病情复杂、护理成本高的患者设计，以帮助他们在家管理他们的健康。该系统让医院和社会管理机构中与患者有联系的利益相关者认识到为什么患者总是频繁入院，以及怎么解决这个问题。同时该系统创建了一个统一的护理系统，有助于在减少住院率的同时为复杂和多种慢性疾病患者提供高水平的护理。

　　该系统结合先进的远程医疗技术，通过病人的便携终端来监测和指导病人。临床医生能够远程监测患者，做出专业和及时的决策。该系统以患者为中心，实现了主动的健康管理，同时用按价值付费代替了传统的按服务项目和服务数量付费的方式（图1-30和图1-31）。

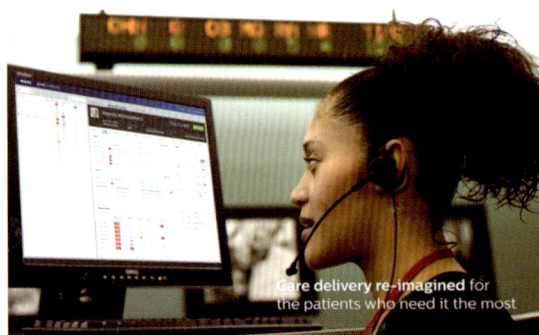

图 1-30　远程医疗服务设计系统　Philips

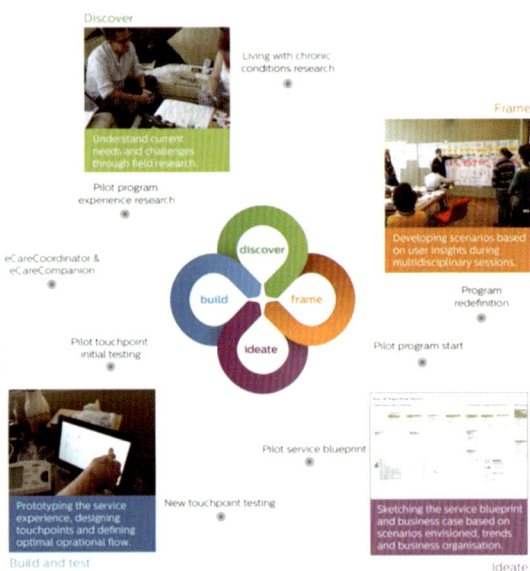

图 1-31　远程医疗服务设计系统　Philips

1.3　创意设计要素

产品创意设计活动以创意思维、人性思考为核心，包括创意表现、设计材料、机能、机构、设计形态、美感、界面、量产、销售等的综合思维活动与实践活动。下面以图1-32表示，并进一步说明这些产品设计的要素。

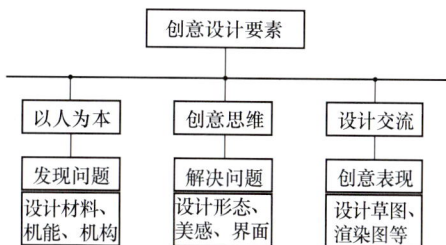

图 1-32　创意设计要素

1.3.1　以人为本

产品设计的最终目的是服务于人，以人为本就是指产品设计最终目的是"为人"。以人为本的观点，源于西方文艺复兴时期的人文主义。当时北意大利地区许多学者想发扬希腊文化，以"人"为现实生活核心的文化，来取代中世纪以神为核心的文化、知识传统。

人为核心这样的观点，到19世纪末20世纪初，也在设计艺术领域推动了现代设计艺术的形成，进而衍生出后来产品设计领域里的人因工程、有机主义、机能主义，乃至20世纪80年代的亲人主义与所谓的感性工程等。

图1-33和图1-34所示这个生命锤可以帮助被困者在被困于车中时通过快速、安全、简单的操作逃生。使用时，只需压缩生命锤顶部并对准汽车的侧窗，超硬陶瓷锤头将自动粉碎玻璃车窗。设计的快速点击系统可以使击碎玻璃的时间大大缩短。

1.3.2　创意思维

产品设计专业最重要的部分就是创意思维。创意思维是指具有创意的思维活动，在

图 1-33　Life Hamme　图片来源：运动家网

图 1-34　Life Hamme　图片来源：运动家网

产品设计中极为重要。因为设计是一种思维先于实践的活动，也就是说，设计是一种先构思，再进行图面作业，然后才真正进入制作与生产的活动。如图1-35所示，在进行车载便携吸尘器制作与生产之前，需先进行前期构思。

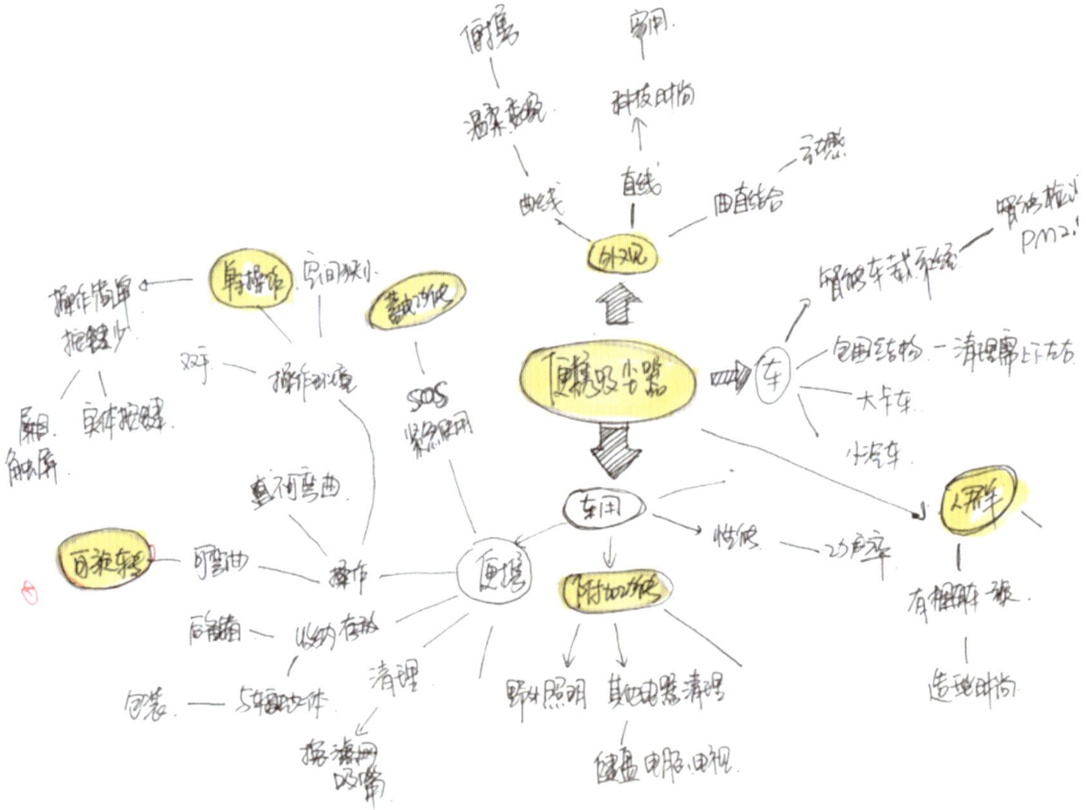

图 1-35　车载便携吸尘器思维导图　郭立杰

1.3.3　创意表现

　　产品设计专业最重要的部分虽然是创意思维，但是如果设计者的创意思维只停留在设计者的大脑里，那么设计将无法进入生产阶段。创意上的设计表现指将所有的设计思维都以文字与图形的形式记录下来。

　　通常设计领域里的设计表现包括两个部分：设计展示图和设计文字说明。设计展示图又包括平面图（侧视图、顶视图）、剖面图、透视图、细部详图、零件组装示意图（也称为爆炸图）等；设计文字说明包括设计理念阐述、设计图上的尺寸、设计材料、制作过程等。承上例，在进行车载便携吸尘器制作的前期构思之后，需要把创意思维表现出来，即绘制产品图纸，包括前期草图、构思草图、手持部分细节草图、手持部分二维效果图等（图1-36至图1-39）。

图 1-36 车载便携吸尘器前期草图 郭立杰

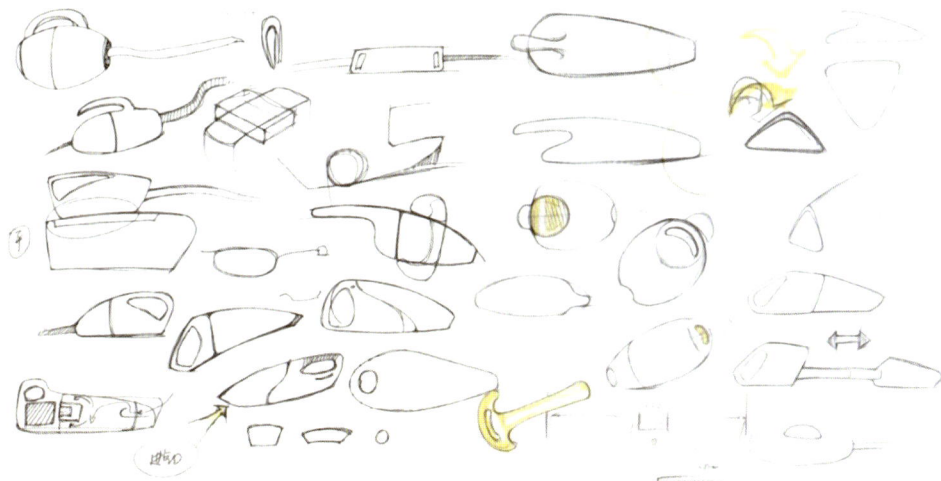

图 1-37 车载便携吸尘器构思草图 郭立杰

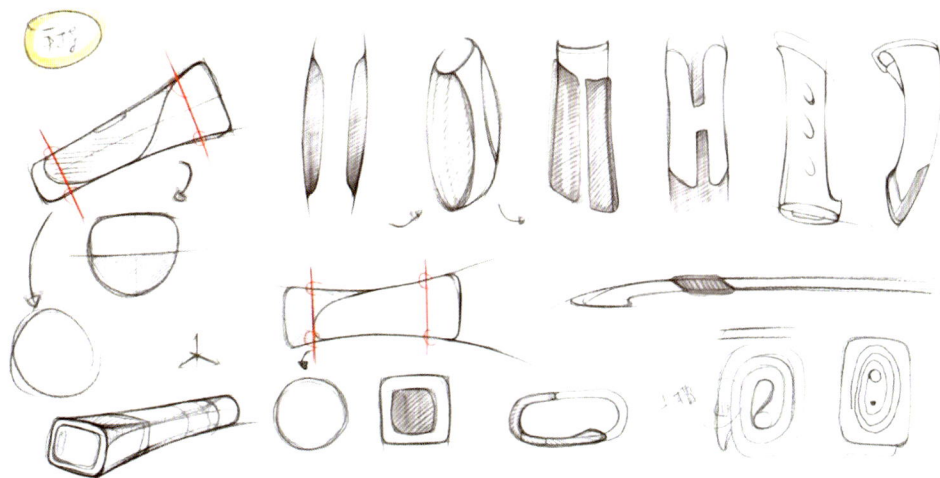

图 1-38 车载便携吸尘器手持部分细节草图 郭立杰

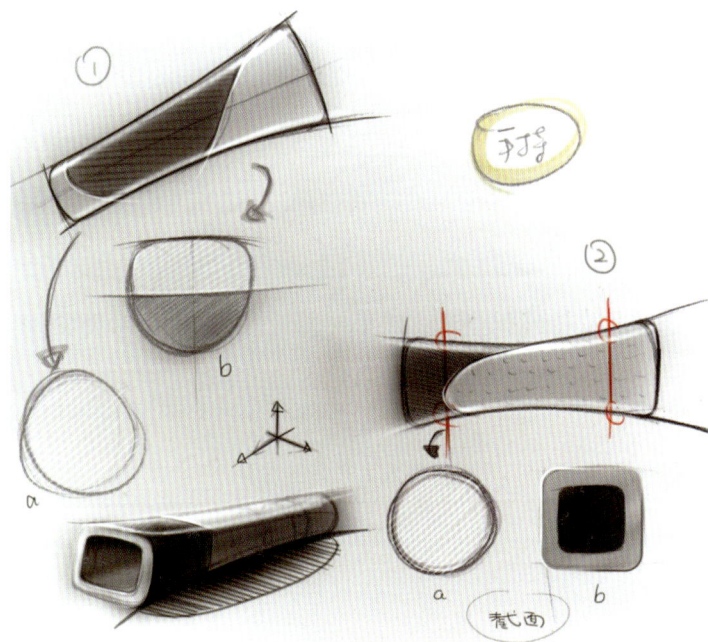

图 1-39　车载便携吸尘器手持部分二维效果图　郭立杰

本章小结

　　本章主要对产品创意设计的一般知识进行了讲解，包括创意存在的普遍性、产品创意设计所涵盖的范畴、创意设计的要素等内容，并结合国内外具有代表性的产品案例进行了讨论；着重讲述了产品创意设计的重要性、产品创意设计的范畴领域，通过大量具有代表性的设计案例描述了产品创意设计在办公用品设计、玩具设计、家用电器设计、家具设计、医疗健康产品设计、交通通信工具设计、生产机械设计和服务设计领域八个类别中的设计方向划分。

目标训练

　　选择5件自己喜欢的产品，利用书籍、网络等采集与其有关的信息，深刻认识产品。

第 2 章
创意思维

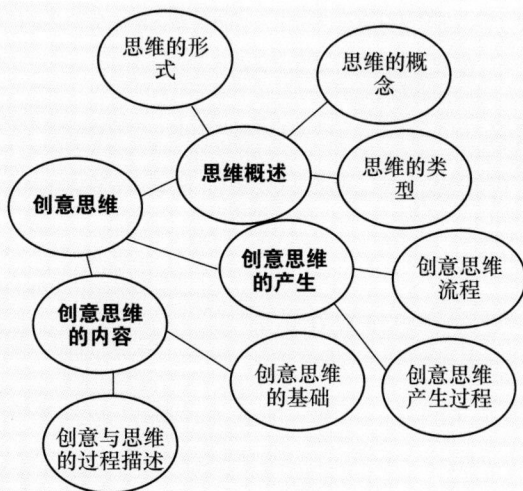

　　创意思维首先应从消费者需求入手,以消费者最基本的需求为首要考虑因素,并在最终产生的设计创意中满足这些需求。同时,在创意过程中应以此作为贯穿设计的主线,在这个基础上综合考虑各种需求,并深入研究产品功能实现的方式。

2.1 思维概述

不能将思维简单地理解与描述为感性思维或理性思维。可以将思维假设是游走于感性思维与理性思维之间时所迸发的一种能力，这种能力往往需要通过对实物的操作来维持。

人对思维进行理解在近代西方学科里可以通过两大途径：一种是以欧洲大陆为代表的理性主义，擅长人文学科；另一种是以英国为代表的经验主义，擅长自然学科。近代心理学的发展基本上是通过偏向自然学科的途径或所谓"科学主义"的途径。就"思维"的作用而言，一般认为，认知心理学所建构的理论，诸如察觉、辨识、记忆、提取、遗忘、知识结构、思考与解题、策略、智力等，只要这些作用的对象是造型、空间、形象，就可以说，这种"思维"属于设计操作。思维的模式显然是探讨创意设计方法的重点。

2.1.1 思维的概念

思维是人类特有的一种精神活动。思维的产生需要具备两个方面的因素。一方面，社会实践是思维产生的前提。一个人涉足社会实践的程度，通常会影响其对具体问题的认识和观念。另一方面，思维的表达是思维形式化和设计概念表达的重要方面，语言和符号是现代思维科学建立和思维表达的基础，人类的思维要借助语言和符号进行表达。

目前从认知心理学发展出来的对"思维"的描述，基本上是将人的思维模拟于"信息"的接收、处理、拆解、联结、组合、反应、表达的过程。所有这些对思维的描述，往往因信息传达的过程、途径不同或所处理信息特性不同，而对思维方法或思维模式的概念定义也不同。

2.1.2 思维的形式

创造性思维能产生新颖性思维结果，创造性思维的形式不只限于一种。创造性思维既可由联想思维的形式形成，也可由灵感思维的形式形成。本书只介绍经常形成创造性思维的最一般的思维形式。思维的形式见表2-1。

表2-1　思维的形式

形式	描述
垂直思维	一般指深入的推理，也指一元思维（相对于多元思维）
水平思维	跳出设定问题来进行联想与思维。一般指相对于垂直思维的思维模式，也指多元思维
直觉思维	指感受性的思维，不受某种固定的逻辑规则约束而直接领悟事物本质的思维模式
逻辑思维	指亚里士多德以来的三段论的思维模式；也指一般的"有理的、有事实依据的"推理；也指依赖近代数理逻辑发展成果的思维模式
图形思维	也指依赖心理"成像"来推理的思维模式；也指依空间几何的抽象观念来推理的思维模式
叙述思维	指编故事说服自己同时说服别人的能力；也指感性思维或表达思维
程序思维	指依工作步骤来推理的思维模式
发散思维	指将一个问题向外来扩张的、联想的思维模式；也指类似于"脑力激荡法"的思维模式
收敛思维	指依一个问题的限制条件来排除不可能状况的思维模式。通常相对于发散思维，而且是在发散思维后才进行收敛思维
抽象思维	指对事物组合以抽象符号代替后，寻找事物组合间的关系的思维模式
创意思维	指具有觉察力、流畅力、变通力、独创力、精进力等特征的思维模式

这么多种思维的方式，暗示着也有这么多种设计方法。如果把这些思维方式只认定为设计方法的一个成分，那么，这些思维方式通过各种组合可以产生更多的设计方法。我们甚至可以将上述的各种思维方式，模拟成设计思维类型，模拟成设计方法里的思维工作的细分。

2.1.3　思维的类型

工业设计专业是伴随工业化、西方化与现代化而形成的，其中工业化注重生产效率，西方化注重理性主义与程序主义，现代化注重现代创新意识，这些特点也成为工业设计、产品设计的专业意识形态。这些都使得工业设计或产品设计的思维类型更倾向于"程序思维"。

设计思维还可分为系统性解决问题的思维类型与因果性机能思维类型。具体细分，又有如下几种类型（图2-1）。

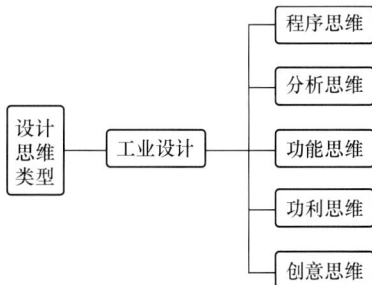

图 2-1　设计思维类型

2.1.3.1　程序思维

产品设计者倾向于以"工具的制造"来思考产品设计，不只含有机械组成的观点，更含有制造程序的观点。他们习惯于把工具制造程序与工具组合程序同时模拟到设计思维本身。把工具制造程序模拟到设计思维本身为程序思维的最主要内容，把工具组合程序模拟到设计思维本身为分析思维的最主要内容。程序思维的习惯认定思维是"按部就班地逼近问题的解决"。

2.1.3.2　分析思维

分析思维也是系统地解决问题的思维。产品设计者的思维习惯，倾向于以上述的把工具组合程序模拟到设计思维本身，就能按部就班地逼近"问题的解决"。这是一种"理性思维"

的异化，同时也是一种系统观的思维习惯，认为设计就是在制造供人使用的工具。而人造工具之所以出现，是因为人的活动有所不便或不满，这"不便或不满"就是"问题"，而这种"问题"不但可以定义，更可以依"系统观"进行分解。"大问题"是由"小问题"组成的，而"小问题"则由系统上更下一层的"细小问题"组成，而问题的解决就是对"细小问题"的各个击破，而对各细小问题进行击破，就需要分析思维。

2.1.3.3　功能思维与功利思维

产品设计者的思维习惯，倾向于以生产"可用"的工具来思考产品设计。这就要求，不但完整的工具是"可用"的，由于工具由零件系统组成，因此零件或构件也须是"可用"的。或者说，设计出的产品的任何可完整分离的部分，都应该有功能性。如果零件"没有用"，就没有存在的正当性。

2.1.3.4　创意思维

产品设计更注重创意思维。产品设计专业的创意思维有时需借由"变形"来达成，有时需借由"另类观点"来促成，但是，其创意根本都在于"新"。

当然，我们在区分设计思维类型时，要考虑这种区分是基于理论建构的方便性的特点。另一方面，这种设计思维类型的区分，也暗示着可能有相对应的设计方法类型。例如，同样是空间设计领域，庭院设计在我国与西方却存在很大的不同。

2.2　创意思维的产生

从思维过程来看，思维是将思维材料加工处理成思维产物的认识过程。根据这种观点，思维包括三大要素：思维材料、思维加工方法和思维产物。思维材料又称思维加工对象，其类型包括表象、感知觉、概念等；思维加工方法主要包括分析、判断、推理、想象、综合、抽象、比较、评价、分析、选择等；思维产物既可以是具体的想法、思想、观点、构思、创意，也可以是指导人的行为的一个决定。

2.2.1　创意思维流程

在进行产品创意设计之前需要厘清设计的流程，进行周密的设计规划。在产品创意设计规划时，应考虑以下问题：产品的界定需要具备何种专业技能的团队成员？客户要求提供什么？在时间、资金、人力及设备方面存在哪些限制？可以参考哪些类似项目来做产品开发的规划？有哪些与完成工作相关的标准或规则必须遵守？需要什么资源？应构建怎样的产品开发策略？

产品创意设计规划流程要综合考虑由各种因素所带来的产品开发机会，包括来自市场、研究部门、顾客、已有产品开发团队的建议及竞争对手的标准。从这些机会中，可以选定项目组合、项目的时间计划和资源分配等任务。一旦建立了一个产品创意设计开发流程，流程图就作为团队中每个成员进行设计的过程依据（图2-2）。

从创意的观点来看，设计规划既注重客观的设计程序与创意理性，又注重主观的创作发挥与创意感性。甚至从单一创作者的设计过程来看，设计规划更注重创意理性与创意感性之间的互换。从设计团队的设计过程来看，设计规划更注重设计团队各成员间"创作意念"的沟通以及各阶段间"创作意念"的表达、记录与传递。可以简单地以图2-3来表示这种状况。

2.2.2　创意思维产生过程

"创意"一词可以做两种词性的理解，从名词意义上理解，"创意"是目的的物化，是思维活动的结果；从动词意义上理解，"创意"是问题构想、规划、决策和求解的活动，是思维活动的过程。创意思维就是关于创造活动中思维本身的理解和创造性思维。任何产品的设计活动，首先是一种设计理念、思维的表达，创意体现思维，思维影响创意，创意活动是思维与行为的综合统一。

创意思维的科学性定义可以理解为人类特有的一种意向性、创造性思维活动，是人类为了满足特定的需要，在一定的设计思想指导下，将造型力、构想力、整合力融于一体，充分表达设计意图、制定预想方案的构思过程，是设计观念、思维方法和思维能力的表现和展开。从产品设计问题求解的角度，可以将创意思维的过程划分成三个主要阶段，即概念发想阶段、问题分析阶段、问题处理阶段。

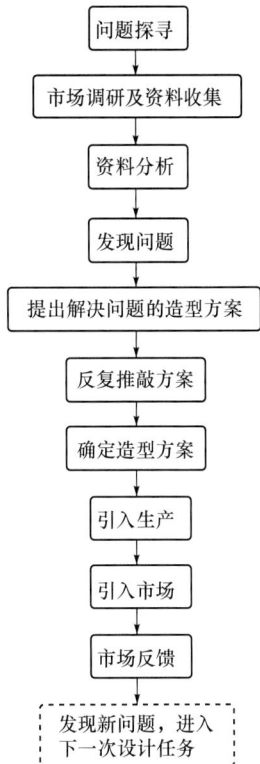

图 2-2　创意思维流程

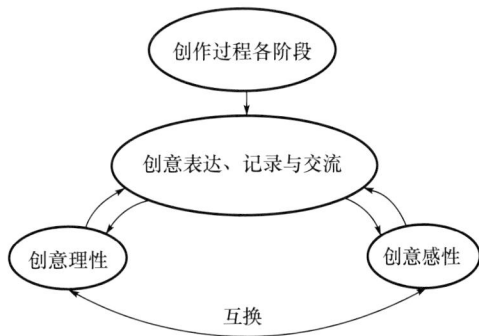

图 2-3　创意设计规划

2.2.2.1　概念发想阶段

概念发想阶段是发现问题的过程，寻找问题是设计的起点。在产品概念发想阶段首先要明确产品设计的问题，如产品的市场定位问题，主要包括竞争者的状态及可能的市场前景；用户群体定义问题，主要包括需求及需求群体特征定义；产品定位问题，主要包括关键的功能性定义以及使用者对于产品的意见；此外还包括可能的限制条件等。通常来说，问题定义得越明确，考虑的问题越全面，产品构思的效果就越好。因此，这个阶段要求设计者尽可能地将思维发散，尽量地突破以往的思维定式习惯，多方面、多角度地思考问题，并采用适当的方式，如文本、图框或其他任意可以描述问题的形式记录已经思考过的问题，从而形成该产品可能的问题空间集（图2-4）。

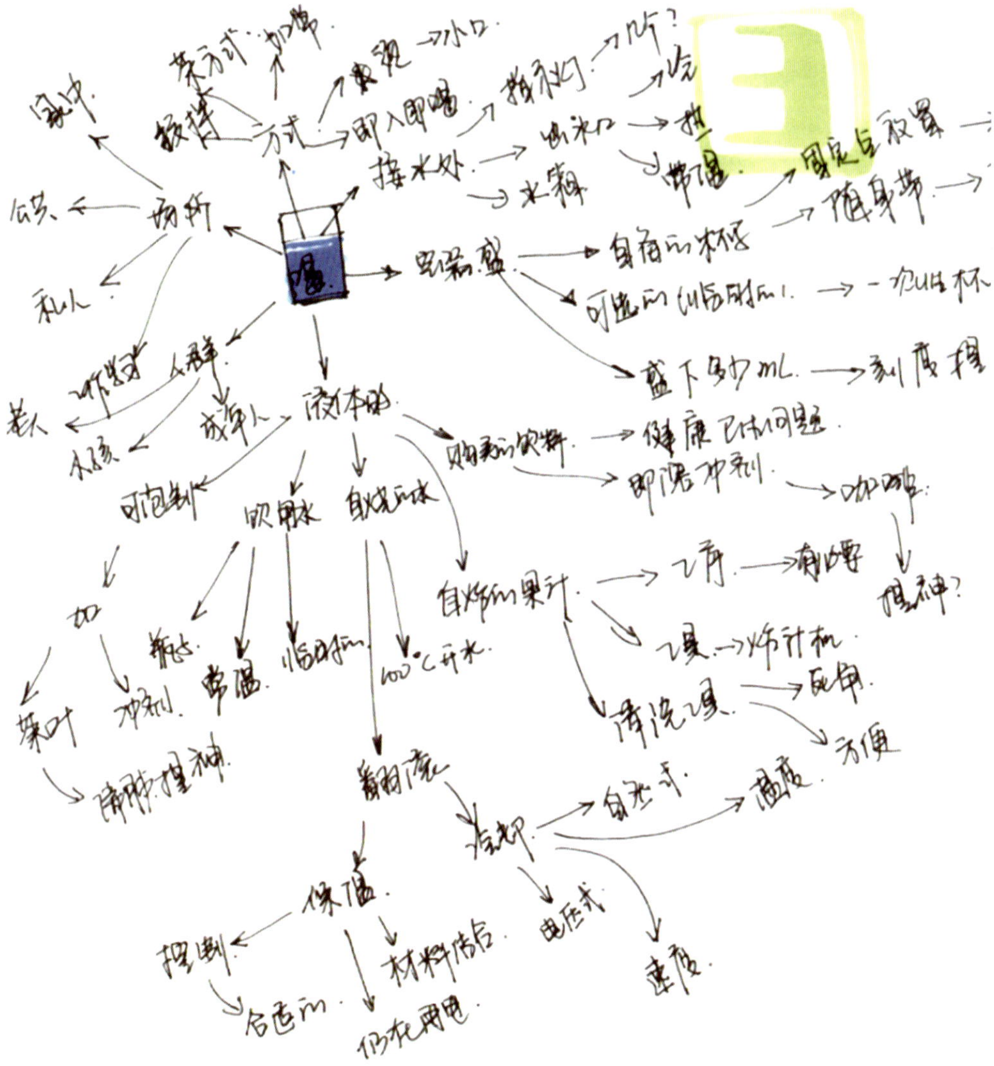

图 2-4　由"喝"引发的思维发散　时苗苗

在概念发想阶段，设计者尽量将思维发散出去，在定义了产品的可能问题空间集之后，采用收敛思维的方式对问题进行选择，选择的标准一般因具体项目的不同而表现出差异性，这个过程中可能有更多的逻辑性思维参与。因此，在概念发想阶段，问题发现以发散思维为主，而问题的定义以收敛思维为主，并且两者是不断反复的过程（图2-5）。

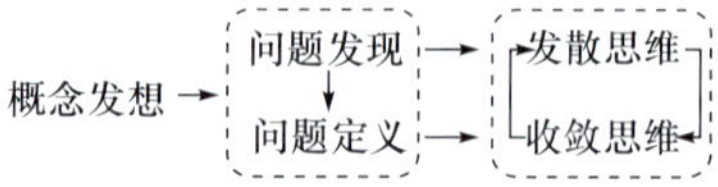

图 2-5　概念发想过程

2.2.2.2　问题分析阶段

问题分析阶段是通过对问题的分析，将问题概念化的过程。由于分析问题是以掌握大量信息为基础的，因此在问题分析阶段需要收集尽可能多的相关信息（如产品的技术信息、产品的问题信息、产品设计开发过程的信息等）。

对问题的分析过程是对收集到的信息进行及时、准确、客观的整理、分析和评估的过程。恰当的信息搜集方法将有助于信息的获取。搜集信息的常用方法主要有问卷调查、观察、拍照、录像和录音、查阅资料等。

在对问题进行分析后，就可以转入问题概念化过程，提出解决问题的可行方案。在这个过程中，首先须针对要解决的问题进行发散式思维，从问题的不同角度出发设想尽可能多的解决方案；然后进行收敛思维，以便通过比较分析，从大量的解决方案中筛选出具体切实可行的方案。由于在实际的产品设计过程中，产品的概念化既包括产品造型、色彩、材质等视觉形象的概念化，又包括结构、制造、工艺等工程因素的概念化，因此，这个阶段是形象思维与逻辑思维同时发挥作用的阶段。在这一阶段，设计概念的表达一般借助设计草图和设计原理图等形式来实现（图2-6）。

2.2.2.3　问题处理阶段

问题处理阶段是问题最终解决阶段，也是在若干个概念中获得最终解决问题的关键步骤。问题处理阶段最初

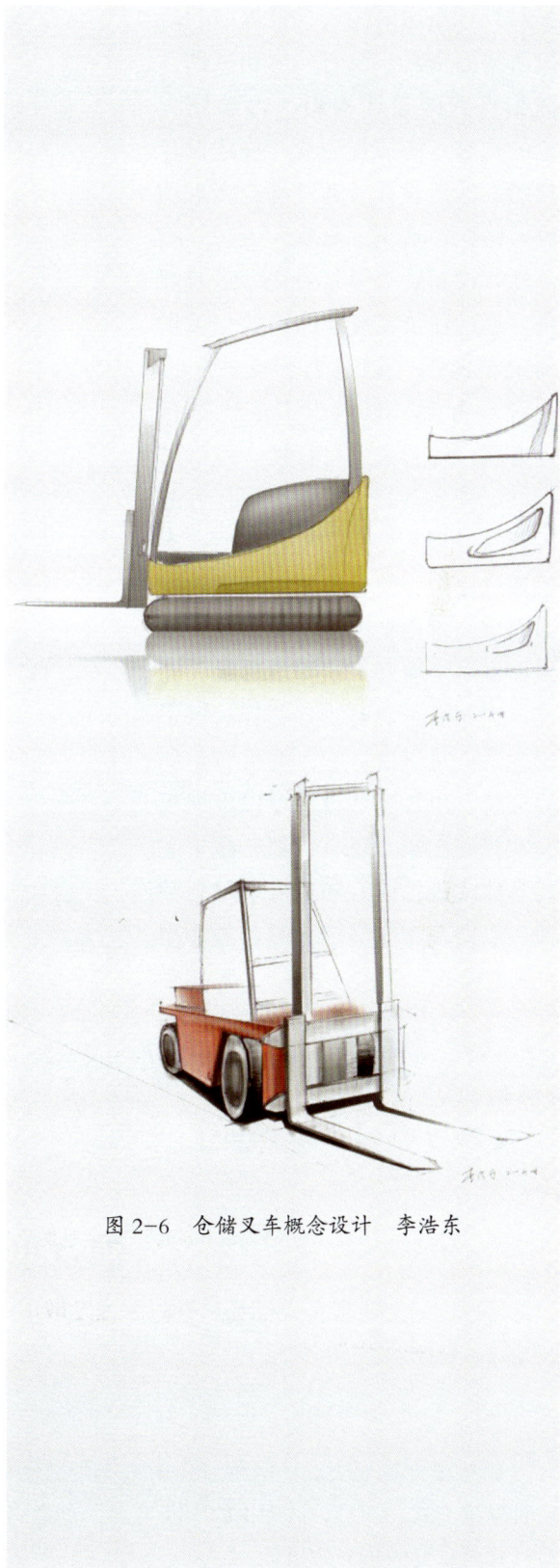

图 2-6　仓储叉车概念设计　李浩东

是对设计概念的深入，根据前一阶段所得的资料，及时归纳和整理，提出可行的设计构想，再绘制大量的构思草图捕捉创意，描述设计意图。然后设计者通过综合考虑功能、结构、造型、成本、工艺、竞争性、创新性等因素对概念进行评价，通过评价完成产品功能与成本的最佳匹配，进行创意反馈，比较设计方案，以科学方法优选设计方案，进行技术可行性、经济可行性、社会可行性、综合可行性分析，完成创新方案的概念评估。在整理过程中，要充分了解方案的实质内容，不要把表面上看似没有联系而本质上有联系的提案排除。此外，在判断方案时，不要轻易否定那些看似可笑的方案，要进行足够的分析，也许这些设想可以发展出非常好的结果。还有，那些属于需要具体改进的内容和意见要单独整理，以便在方案具体化时参考使用（图2-7）。

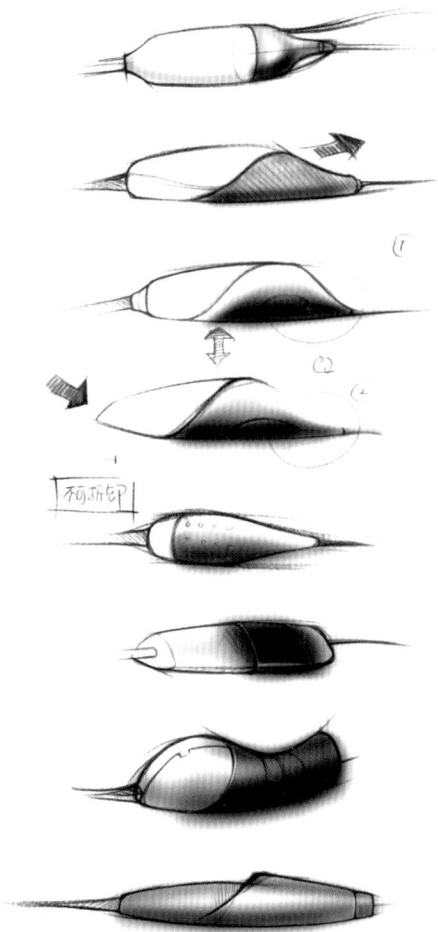

图2-7　车载便携吸尘器吸嘴部分二维效果图　郭立杰

2.3　创意思维的内容

创意思维是解决设计问题过程中人类智慧的集中体现，也是人们观察和改造客观世界的一种思维方式。随着设计理论的不断发展，创意思维方法也在不断完善，并在特定的条件下对设计起着重要的指导作用。

2.3.1 创意思维的基础

如果创意思维是指对事物的解决问题的方法寻找，创意思维的初级阶段即创意思维的基础就是对事物的注意、观察与思索。

2.3.1.1 注意

注意就是对外在现象或内心思索对象的专注意识，是创意的第一步。人们常说一个人的注意力能不能集中，这个人能不能专心，能不能心无旁骛，所指的就是这个人的"注意力"。人们常会发现，一个人对其感兴趣的事物专注度比较高，对于不感兴趣的事物往往不会注意。因此，对注意力的练习应分为两部分：第一部分是对特定事物的专注能力；第二部分是对特定以外的事物的"不受干扰能力"。

2.3.1.2 观察

观察是设计调研中常用的方法之一，类似文化人类学中的田野观察法，是观察消费行为、捕捉潜在需求的有效工具，一般分为短期记录和较长期观察。短期记录，即直接观察，主要通过摄影的方式记录场景或目标消费者个体的行为片断，例如街头观察、商场观察、娱乐场所观察等。较长期观察要求设计者日常性地参与目标群体，更多地关注用户群体的行为，聚焦于人们在一段时间里使用产品或服务过程中的行为与活动。摄影和录像是其主要的记录和分析手段。

以笔者去某图书馆借书动线为例。从笔者进入图书馆、寻找导视牌到求助服务台这个连续的行为活动过程中的行走路线及停留位置可以得出一般用户对于导视牌位置的潜意识定位。从这项观察调研中设计者可以根据观察结果合理地分布或设计导视牌的位置（图2-8至图2-12）。

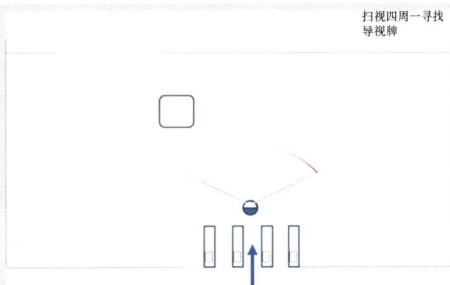

图 2-8　刷卡通过门禁进入图书馆

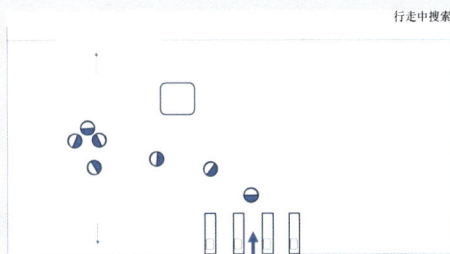

图 2-9　扫视整个空间寻找导视牌

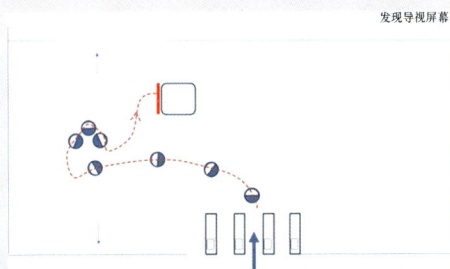

图 2-10　在行走中寻找导视牌

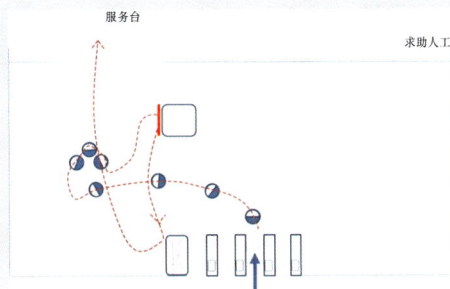

图 2-11　发现显示屏幕（但不是导视牌）

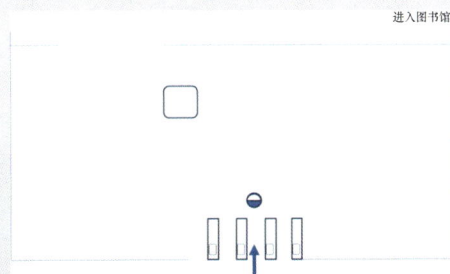

图 2-12　寻求人工帮助

观察是对外在现象认识、记忆的过程，人们常希望这种能力越强越好。人们在观察事物时往往只能观察一个大概，只有在注意力集中时，才可能观察到事物的细微部分。另外，人们在观察物体时，往往只能看到物体的正面，而不能看到物体的背面。所以对物体的观察还包括从远处观察、从近处观察、从不同的角度观察。因此，设计者在观察事物时，也应注意观察事物的远近、整体与局部、角度的问题。观察一个事物，如果能注意到该事物的整体与局部，从不同的观点与立场分析，那么对该事物的了解会更清楚。

因此，把握观察的要点有助于观察目标消费者的各个侧面，洞察各种相关要求，并对情景模拟和预测，最终达到观察的目的。

2.3.1.3 思索

思索就是对意识到的事物的再认识、回忆、组织的过程。或者说思索就是指人们对想象与心像的再认识、回忆、组织的过程。想象与心像，既包括不用人体感受器官（包括视觉、听觉、嗅觉、味觉、肤觉等）就能内在意识到的信息，也包括肉眼刚刚接收的信息（图2-13）。

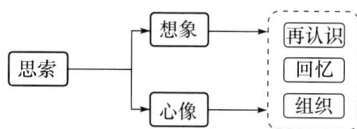

图2-13 "思索"模式图

通常人们"思索"的初级阶段是思索不用人体感觉器官就能内在意识到的信息，这种能力归功于人的记忆力与想象力。但是，心理学研究发现，人的思索能力还包括组织力、直觉力以及一些目前尚未定论的潜意识、宗教性情操等。

因此，培养创意的基础，就是培养注意、观察、思索的能力。

2.3.2 创意与思维的过程描述

创意与思维伴随着设计创作的过程。设计常将"创意、语言与思维"三者协同进行。对设计专业而言，人的设计活动起因于对"物"的不满足，而要制造出"物"的"新组合"。在工业设计领域，这种物的新组合称为"工具"；在空间设计领域，这种物的新组合称为"环境""营造"；在视觉传达设计领域，这种物的新组合称为"视觉环境""情境""形象"或"意象"。

另一方面，就"思维"的作用而言，人们认为认知心理学所建构的理论，如察觉、辨识、记忆、提取、遗忘、知识结构、思考与解题、策略、智力等，只要这些作用的对象是造型、空间、形象，就认定"思维"为设计操作，思维的模式是探讨设计方法的重点（图2-14）。

图2-14 创意与思维过程描述

本章小结

　　本章主要讲述了创意思维的概念、内容，创意思维包含的形式，创意思维的类型并重点介绍了创意思维的基础与产生过程。

目标训练

　　如何处理绿篱根部的落叶问题？采用创新思维的方法生成20个新概念。

第3章
创意的产生

内容索引

```
概念组合表        信息收集
                            用户调研
    产生创意
问题列表      创意的产生  问题探寻
                            专家咨询
    形成概念
          问题梳理
                    问题分解
        问题思考
```

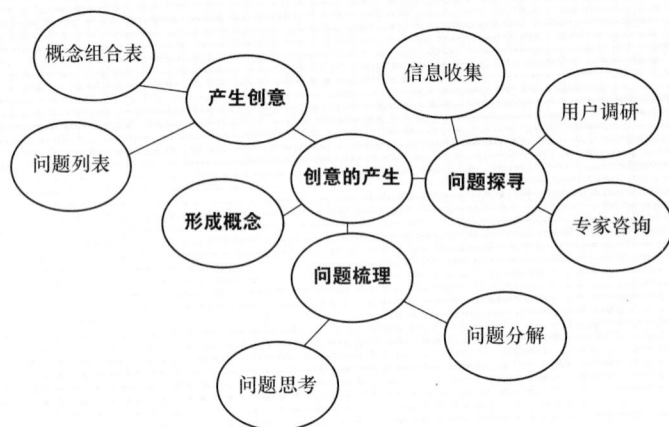

　　创意的产生是一个不断创新的系统化过程，既不同于艺术家的感性创作，也不同于一般工程人员的技术产品开发。工业设计的概念创意工作要依赖于设计师对产品知识、设计及美学知识、市场知识的把握，对事物的观察和经验的积累，对计算机辅助概念设计的基础掌握，以及对个人知识的局限性与设计思维的广度之间的协调。设计师的工作程序不应是线性的探讨，而应是一个弹性的、多专业融合的构架，并在各个阶段中不断地、有创意地提出新的、可行的解决方案。许多不成功的产品设计，往往是由设计流程的不当使用造成的。即设计者从自己的主观意识和对市场的简单认识出发，完成概念构想，继而设计发展、制造及销售，这样传统的模式往往不能设计出高品质的产品。因此，设计应有系统的演绎程序，要有清晰的框架轮廓。

3.1　问题探寻

　　问题探寻、形成概念的过程也就是人们通常讲的设计调研。它通常是在一定的项目前提的基础上展开的，是整个产品设计的重要阶段。完成的过程直接影响着后续的设计结果。在设计的前期阶段，问题探寻主要是通过多方面的设计调研来进行。一方面围绕对产品和消费者能产生或近或远影响的各类人文、社会因素加以展开，另一方面也以产品本身为重点开展各类调查。关于设计调研，飞利浦公司设计师刘昭槐说："我们观察人们的生活，不仅仅是看他们如何使用产品，还要研究他们的行为心理。"设计部战略主管Josephine Green认为，只有在设计时加入对社会和文化方面的研究，才能创造出更能平衡人类生活品质的产品。

　　在一系列搜集资料调研的基础上，发现问题所在，并加以分析、梳理、整合、捕捉产品创新的需求点，从而形成有突破的产品化方向，是设计调研的基本任务。其工作的方法和形式也是多种多样的，需要根据设计项目的要求和条件，灵活选择有效的途径和手段。

3.1.1　信息收集

　　许多科学家、思想家及心理学家，都对"信息收集"这一思维程序进行了研究，它是一种基本的思维技巧，依靠这种技巧，一些新的概念得以发现。

　　信息收集应该注意收集那些与设计问题有关的或者可能有关的信息，收集的途径有查阅科学文献、直接观察和进行实验，以及各种其他的来源，如各种调查和询问，或者与同事甚至和与待研究的问题仅仅有间接关系的任何人进行讨论。一般认为，收集那些相互冲突，或者对流行的信念提出挑战的信息和观点，具有特殊的价值。相互作用和相互冲突是更有利于创新的。奇特的事物常常会成为一种新的研究路线的起点。同问题保持密切接触，可以使人们观察到那些在其他情况下可能忽略的细节，并且也会激发想象，它能使人们对问题产生一种下意识的熟悉的感觉，得到一种难以用客观的语言表达的领悟。

　　信息要系统地收集，问题要清楚地确定，甚至还要把问题进一步分解为若干个次一级的问题。研究的目标要以一般使用的术语来表述。这一阶段，重要的是要仔细地确定自己想要解决的问题，这决定着下面的研究方向。也许在这一步问题会被解决，但是如果遇到一个非常困难的问题，就必须进入下一个步骤（图3-1）。

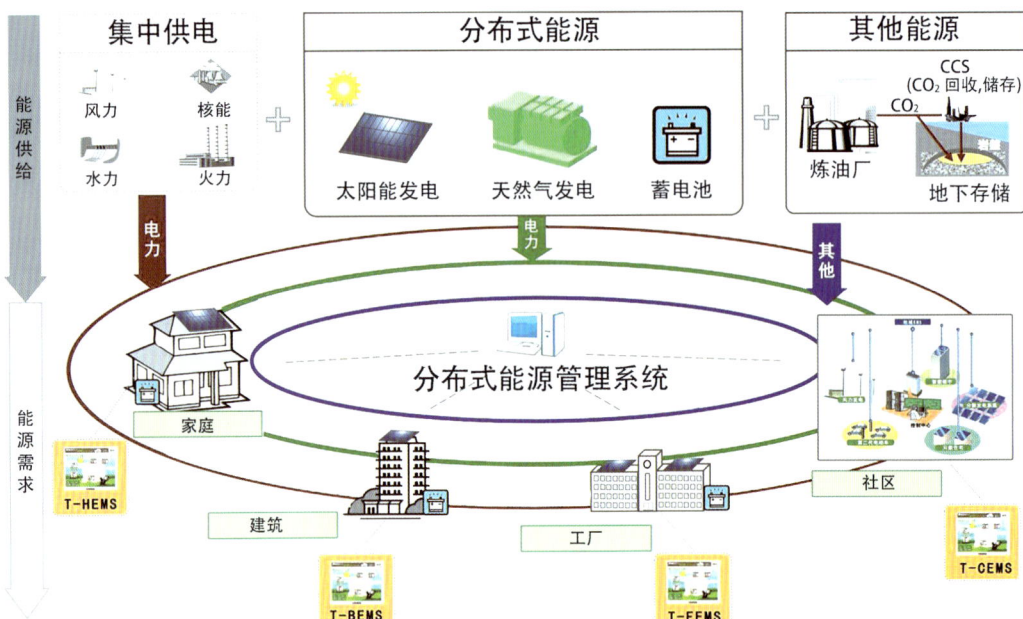

图 3-1　计算机信息收集系统　图片来源：今日能源网

3.1.2　用户调研

在确定顾客需求时，要首先找到领先用户。领先用户是那些比主流用户提前数月或数年提出新需求的用户，他们往往能大大获益于新产品创新。领先用户通常能找到解决方案来满足自己的需求。这种情况在高科技产品的用户群中更为常见，如医药和科学领域。开发团队可以在新产品的市场中找到领先用户，也可以在具有新产品某些子功能的其他产品的市场中找到领先用户（图 3-2）。

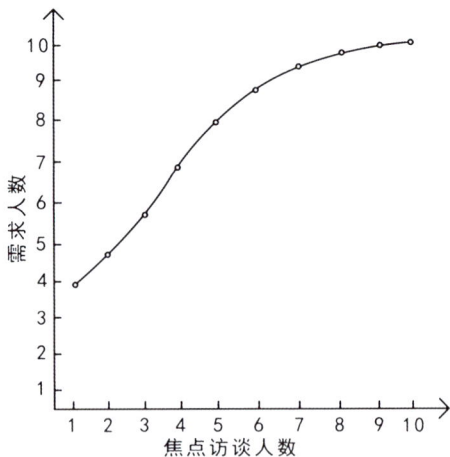

图 3-2　用户需求度调研

3.1.2.1　广泛调研

广泛调研的目的是找到针对整个问题以及分解出的子问题的现有解决方案，广泛调研贯穿于整个概念开发过程。采用现有的解决方案通常比开发一个新的解决方案更快、更节省，通过灵活利用现有的解决方案，团队可以把精力集中于创造性地解决尚无满意解决方案的子问题。此外，通常可以把某一子问题的传统解决方案与新的解决方案结合起来，产生更好的整体解决方案。所以，广泛调研不仅包括对直接竞争产品进行详细分析，还包括对产品相关子功能所采用的技术进行详细分析。

解决方案的广泛调研在本质上是一个资料搜集的过程。通过使用扩大与集中的战略可以使时间和资源得到优化利用：首先扩大搜索范围，即广泛搜集可能涉及的问题的相关资料；然后进行焦点搜索，即对有希望改进的方案进行深入探索。过度使用任何一种方法都将降低广泛调研的效率，因此应根据调研需要灵活使用。

3.1.2.2 重点调研

重点调研是指利用个人、团队的知识和创造力来产生解决方案。重点调研也称头脑风暴，重点调研是新产品开发过程中最具有开放性和创造性的过程，它相当于从个人知识中收集潜在的有效信息，进而用于解决现有的问题。重点调研可以由个人单独进行，也可以由团队一起进行。例如，针对某一用户的重点调研，可以有针对性地设定问题，通过表格的形式使调研清晰化（图3-3）。

用户姓名		访问日期	
用户地址		访问者	
回答 问题	用户表达	需求解释	需求顺序
问题一			
问题二			
……			

图 3-3 用户重点调研形式

以下几条准则有助于提高个人或团队重点调研的效率：

（1）延迟决策。在日常生活中，成功往往取决于快速选择并立即采取行动的能力。例如，如果用广泛调研来决定今天怎样出行或吃什么早餐等日常活动，人们的生活会一团乱麻。这是因为人们日常生活中的大多数决策用时只有几秒或几分钟，人们习惯于快速决策并立即采取行动。但是产品研发中的概念生成过程与人们的日常生活过程截然不同，所做的产品概念决策可能会影响多年。所以在评价大量的产品概念时推迟几天或几周再决策是产品概念成功的关键。推迟决策的规则就是在概念生成过程中不批评或否定任何概念，个人在寻找概念中的不足时，不主观臆断。

（2）不要扼杀任何想法。有些想法最初并不可行，但是团队成员可以通过逐步修正使其得到改进。鼓励那些看起来不可能、不可行的想法冲击拓展思考的边界，有助于团队成员突破极限。所以，那些看起来不可能、不可行的想法也是非常宝贵的。

（3）使用图形媒介的方法。有时用纯语言文字来描述头脑中的想法是很困难的。纯语言文字本质上不适合描述形象的事物，所以充分运用图形有利于描述事物。泡沫、油泥、纸张、PVC塑料等其他三维材料有助于人们深刻理解形式与空间关系。

3.1.3 专家咨询

具有子问题所需知识的专家不仅可以直接提供解决方案，还可以帮助开发团队扭转思路，重新寻找解决方案。专家包括生产相关产品的企业专业人员、专业顾问、大学教授和供应商的技术代表。设计者可以打电话咨询这些人，也可以查阅文献或找到相关文献作者咨询。虽然这个过程很辛苦，但比重新创造出新的方案要节省时间。

咨询专家时可以利用所咨询专家推荐的其他专家信息。

3.2 问题梳理

问题梳理主要通过以下几个步骤进行（图3-4）：

（1）精确地确定要研究的问题。

（2）将问题中所包含的基本成分或基本元素列成一个表格。这些"元素"是被包含在问题规定范围内的或者是与设计紧密相关的物质对象和理论概念。例如，关于种植的问题的元素应包括气候、土壤、人口等。这种表格应当尽可能全面，而诸元素在必要的地方应当加以确定或者至少应当是可确定的。

（3）每一个元素又要列出一个辅助表，它由凡能设想的每一种形态、特性和属性构成。例如，如果一个元素是能源，那么它的属性有可能是石油、天然气、太阳能、核电、燃料电池、风力、水力等。

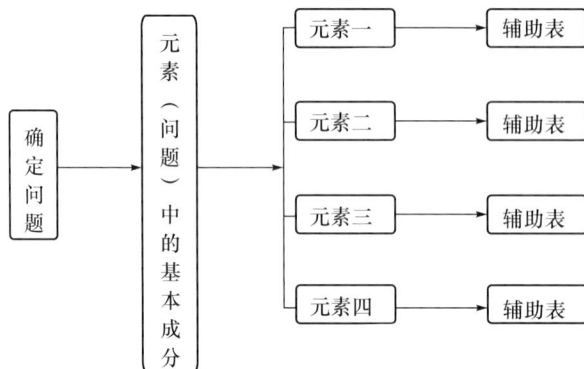

图3-4 问题梳理步骤

（4）元素是问题的基础，它们是固定的，但是属性则是可选择的，是不固定的。要把属性的所有可能的组合方式综合起来，并把每一种都作为可能解决问题的办法，进行彻底的研究和评价，甚至连不合逻辑的组合也要予以考虑，因为它们也许会生发出可行的选择方案。

这种解决问题的方案有两个主要的优点：一是它具有比较全面的特点，从而降低了忽略那些新奇而重要的组合的可能性；二是由于对可能方案的组合是通过系统地、客观地评价后做出的，这就可以减轻因袭思想和偏见的影响。例如，项目的任务描述、顾客需求清单和产品的主要规格三个方面是概念生成阶段开始时要考虑的问题，而它们在概念生成阶段开始后还会被继续完善。理论上，团队既要确定客户需求，又要制定产品要达到的目标规格。

以"便携式车载吸尘器设计"为例，该项目设计的范围可以定义得更广泛，如"便携式吸尘器设计"；或可以更具体，如"家用轿车狭小空间吸尘器设计"。设计任务陈述中可以有如下假设：

（1）该吸尘器方便携带。

（2）该吸尘器随车使用，用车内电源接口供电。

（3）该吸尘器可以稳定放在车尾箱中（不倾倒、翻滚等）。

（4）该吸尘器可以清理车座椅缝隙中的碎屑。

（5）该吸尘器的吸筒适合清理车座椅周边狭小空间的碎屑。

基于上述设计定位，确定了用户对便携式车载吸尘器的需求，包括：

（1）吸尘器的外观形式要有整体性并适合手部抓握。

（2）吸尘器重心应低。

（3）吸尘器的吸嘴窄而扁。

（4）吸尘器的吸筒可以弯曲。

该吸尘器设计团队还收集了一些补充材料来弄清和量化顾客需求，并把这些基本需求转换为目标产品的规格，包括以下内容：

（1）吸尘器的高度控制在120mm以内。

（2）吸尘器的长度（吸尘器最远达到的距离）应为2 000mm。

（3）吸尘器的吸嘴倾角为15°。

3.2.1　问题分解

首先，把一个复杂的问题分解成若干个比较简单的子问题。然后，通过外部搜索和内部搜索来寻找子问题的解决方案。进一步采用概念分类树和概念组合表来对解决方案进行系统搜索，并把子问题的解决方案整合成一个整体的解决方案。最后，团队对整个过程与结果的可行性与适用性进行反思。

许多设计任务往往太过复杂，从而不能将其简单地当成一个问题来解决，这时通常可以把它分解成几个简单的子问题。例如，设计像打印机这样复杂的产品时，可以把任务分解成若干个更关键的设计问题：文件处理器的设计、进纸器的设计、印刷设备及图像采集设备的设计。但是有时候，很难把一个设计问题分解成一系列子问题，如文件夹的设计就很难分解出子问题。一般来说，开发团队应该设法对复杂的设计问题进行分解，同时也要清楚对于功能非常简单的产品来说，分解问题的方法不一定适用。

把一个问题分解成若干个子问题的过程称为问题分解。很多任务都要涉及问题分解，以便携式车载吸尘器设计为例：

如图3-5所示，分解问题的第一步是把问题看成一个整体，第二步是把这个"整体"分解成若干个设计细部，详细描述这些产品细部元素对实现整体功能起了什么作用。子功能一般还可以再分解为更简单的子功能，这样不断地将问题分解直到团队可以轻易实现最终的子功能。经验表明，一般设计任务要层层分解为3~10个子功能才可行。

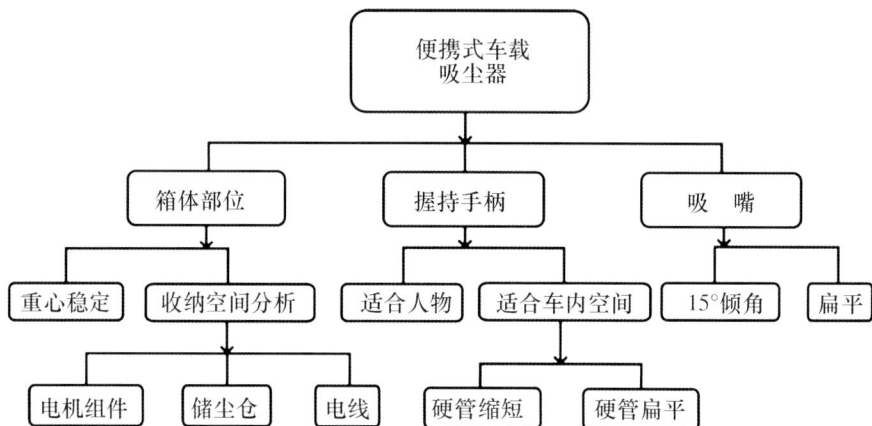

图 3-5　车载吸尘器问题分解

问题分解的目的是描述产品的设计切入点，而不描述新产品的具体工作原理。设计成员应该逐一考虑每个子功能，看是否每一个子功能的描述都能说明具体解决方案。

问题分解图的创建方法并不唯一，也可以按照下列方法入手：

（1）为现有产品创建功能图。

（2）根据小组已经生成的任一产品概念来创建功能图，或者根据一个已知的子功能技术来创建功能图。一定要保证创建的功能图能够对概念有一个比较恰当的概括。

（3）按照其中的一个流程（如操作程序），确定需要进行哪些操作。通过考虑该流程与其他流程的关系来描述其他流程的具体情况。

问题分解图并不是独一无二的，我们可以通过不同的方法来分解子问题，产生不同的分解图。

问题分解最适用于技术性产品，也可用于简单的非技术性产品。例如，喝酸奶用的勺子如何与酸奶杯形状适合，可以根据勺子与杯子的存放关系等子问题来进行分解处理。分解问题的方法还有很多，如按用户使用顺序分解、按用户需求度分解等。

3.2.1.1　按用户的使用顺序分解

例如，车载吸尘器可以分解为以下几个使用动作：打开电线收纳盒—接通吸尘器电源—将吸尘器箱体和风筒移动到合适位置—握持把手—将吸嘴对准需要清理的部位。

当产品的技术功能非常简单同时需要更多的用户参与时，这种做法往往很有效。

3.2.1.2　按用户的需求分

例如，车载吸尘器可以分解为以下子问题：快速地展开和收纳各个部件、能够处理缝隙中的碎屑、能够在狭窄空间中使用。

总的来说，设计调研要达成以下目标：

（1）发现潜在的消费者或市场需求。

（2）发现设计开发中的具体问题。

（3）探索概念产品化的可能性。

（4）预测相关产品的流行倾向。

对于企业的设计开发，设计调研还有以下作用：

（1）有助于识别市场热点和竞争者。

（2）有助于规划环境与竞争性前景。

（3）有助于寻求与同类产品的差别点，确立自己的特色。

（4）有助于寻求商品化的方向和途径。

3.2.2　问题思考

对于收集到的情报，要从每一种可能的角度进行细心的研究，要把它们消化和吸收。弗朗西斯·培根说过，首先应当清除所有的先入为主的概念和偏见，从而准备好独立思考的头脑。即一个人应该保持一种开放性的头脑，对涉及情报的其他细节，每一点都要审慎地检验，寻求有意义的联系，对隐藏在事实后面的原因要进行深思：为什么它是这样的或以这样一种方式发生？原因何在？它与其他问题在外部形态上有无类似？问题的各个方面都要在头脑里形象化。

人的思想倾向于每一次都沿着同一种思路发展，要打破这种成规，需从问题的不同方面重新开始思考。或者设想问题已被解决，然后再反过来思考，尝试逆向工作。对于一些文献中包含的公认的看法，也应该提出疑问。一个人需要具有寻求解决问题办法的强烈欲望，一种将整个身心投入其中的精神和乐观向上的情绪。

弗朗西斯·培根说："当他们除了大海什么都看不见的时候，他们就成了以为并不存在陆地的可怜的发现者。"创造性思维需要积极的态度，要和同事或愿意同你谈论这个问题的任何人讨论。开展讨论是对创新思想的一种有力的帮助。J.D.沃森的《双螺旋》一书就是与同事们交流思想和相互影响的重要性的例证。对话可以刺激头脑，使思想摆脱沿着同一习惯和同一记忆痕迹发展。

容易的问题，很快就会找到答案或可能的答案，但对于困难的问题，就不得不认真地思索几天、几个星期，甚至几个月。这时，一个人的思想会完全沉浸在有关的资料中，达到一种

"无法使自己的头脑离开这个问题"的境界，无论他正在干什么，问题都会突然浮现在脑海中，甚至出现在梦里。

要快速找到解决这些问题的方案，可通过以下几种方法：

3.2.2.1 类比法

经验丰富的设计师总是会问自己：有什么其他工具可以解决相关问题？该问题在自然界和生物界是否有类比？问题是否比自己考虑的范围更大或更小？在其他不相关领域中是否有其他工具具有所需的功能？前面讲述的车载吸尘器在进行开发时提出了上述问题。

3.2.2.2 设想法

一开始就提出"我想我们可以……"或者"如果……会发生什么"等设想有助于激发创新的可能性，也可以反映问题的边界。例如，对于车载吸尘器吸嘴倾角问题的讨论，因为吸嘴的倾角设计与人的手腕密切相关，同时与车内吸尘时人的姿势和肢体体态有直接关系，设计者在概念发想时曾经设想："我希望这款吸尘器的风筒能够到达手部操作达不到的任何位置。对于车内的特殊环境来说，很多设施都是固定的，无法移动，所以清理也很困难，如果有一款这样的工具确实能够解决实际问题。"

3.2.2.3 相关刺激法

当提出新的刺激因素时，人们往往会有新的想法。相关刺激是指在待解决问题的范围里产生的刺激。例如，使用相关刺激的一种方法是：团队会议中每个成员列出自己单独工作时想到的问题清单，并传给旁边的成员。通过思考别人的想法，人们往往会产生新的想法。其他相关刺激包括顾客需求、产品使用环境的照片等。

3.2.2.4 无关刺激法

随机或无关的刺激偶尔也会有助于产生新的想法。例如，在图片中随机选择物体，然后考虑该物体与待解决问题可能存在的联系。人们可以到大街上用数码相机随机拍摄图片，这也是发现问题的一个很好的方法。

3.3 形成概念

概念是人脑对客观事物的本质特征的认识，概念形成是指个体掌握概念本质属性的过程。

在对设计问题进行分解、思考之后，要在大脑中形成设计概念，即寻找到问题的答案。

一个可能的答案往往会在突然间的洞悉、启发性的思想火花中闪现出来，这种情形随时可见。如设计者正对问题困惑不解时，或是当他暂时放弃研究，从事一些无须思索的、轻松的活动（如洗澡、躺在床上休息、在郊外散步、听音乐、看电影或看电视等休闲性的活动）时，一个可能的答案往往会突然浮现。这是因为，有时人的大脑会因过度疲劳，思想停留在同一个地方转来转去，以致无法跳出思想的固有框架。这时最好的方法就是放松自己，做一些消遣性的娱乐活动，这些有助于寻找问题的答案，形成新的概念。

这种新概念的形成会给人带来激动和欢乐。如当一个人看到某种前人从未见过的事物时，他会本能地、迫不及待地想把这种事物介绍给其他人。当然，"光辉的思想"并不总是以这种令人炫目的闪光方式出现的。有时候，会有一些初步的、先兆性的暗示，这些暗示会给"光辉思想"的到来铺设好道路。正像有时人们在眼角里朦胧地瞥见一些东西一样，设计者应能意识到这种初步的、先兆性的暗示的存在，理解它从而发现这种"光辉的思想"，即形成新的概念。正如梅斯菲尔德所说："当你发现，再也没有道路，没有踪迹，到处是一片灰暗，那前进的道路，就会在你头脑中隐现。"

在对问题的定向研究中，新的概念正是探索的特定问题的实际答案。

3.4　产生创意

创意的产生是通过问题与概念的碰撞形成的。

新概念、新想法必须进行批判性的检验，以确定其是否与研究的事实和通行的理论相一致。即使存在着某些相反的证据，也不应匆匆抛弃。有时对其加以修正，使之符合实际，或者可以从这种思想中进一步导出一种有益的思考路线、一种解决问题的新方法。有时，也许会证明所谓的"事实"本身是错误的。但要注意，如果面对无可辩驳的相反证据，一个人仍然留恋自己微小的创造而固执己见，那就不明智了。一种可能解决问题的办法不应当排斥另一种，一些成功的思想家常常同时持有许多可供选择的假设，他们认为想法虽然常常出现，但大多数很快就能被看出是错误的并被放弃，因此应继续发现并提出更多的想法。"最好的捉鱼办法，就是多放几条鱼线。"

以问题为导向的产品创意设计方法是以客观的观察和实验为基础的，是科学原理的起源。如能从实践中正确地提出问题，研究任务就成功了一半。问题导向与问题意识在思维过程和创意活动中占有非常重要的地位。

许多创意设计方法都是遵循问题导向原理解决创新问题的。如5W2H法、设问探寻法、设问检查法、范围思考法等，这些创意设计方法的共同点都是在面对创新问题的时候，通过寻找问题的方式，为设计者思考问题提供思考的框架和角度，一步步引导设计者得出合理的解决方案。

3.4.1 问题列表

在对问题整理时可以进行列表:

还可以怎样使用？还有别的用途吗？体积还可以更小吗？成本还可以更低吗？有可以更换的部件吗？存放方式多样吗？弱势群体可以使用吗？拆装方便吗？便于回收吗？这些问题具有条理性、系统性和周密性，并以表格的形式，通过设问的方式引导人们全面地思考问题，让人们在创新过程中有一个可以依循的航标，从而更有利于创新思维的涌现和创新灵感的捕捉（表3-1）。

表3-1 常见问题列表整理

序号	常见问题	结论	描述
1	还可以怎样使用？		
2	还有别的用途吗？		
3	体积还可以更小吗？		
4	成本还可以更低吗？		
5	有可以更换的部件吗？		
6	存放方式多样吗？		
7	弱势群体可以使用吗？		
8	拆装方便吗？		
9	便于回收？		

3.4.2 概念组合表

概念组合表有助于系统地考虑问题的解决办法。图3-6所示为前文介绍的车载吸尘器开发团队寻找问题的解决办法的组合表。组合表中的纵栏对应图中的子问题，纵栏中的每个条目对应通过内外部搜索找出的子问题的解决办法。例如，第一纵栏表示车载吸尘器的"能量来源"子问题，该纵栏中的条目有一体化充电电池、可拆式充电电池、车内发动机供电。

各纵栏的条目逐一组合后可以形成整个问题的解决方案。例如，车载吸尘器案例有72种可能的组合（3×4×3×2），但是这些组合需要进一步梳理和完善后才能解决整个问题。有些组合难以进行发展，有些组合通过发展后可以产生多个解决方案。即便如此，发展组合的过程会刺激设计团队的创造性思维。概念组合表不仅仅是为了组合出一个完整的解决方案，有时只是强迫团队进行组合，从而刺激创造性思维。

有两种方法可以简化组合概念的过程。第一，如果一个条目不可行，那么包含该条目的组合就可以淘汰，这可以减少团队所要考虑的组合数量。例如，车载吸尘器团队如果确定风筒

能量来源	电线存放	风筒结构	风筒形状
一体化充电电池	不可拔掉	可伸缩	圆筒
可拆式充电电池	可拔掉（独立存放）	可弯曲	扁力筒
车内发动机供电	收纳于箱体中（手动缠绕）	带光源	
	收纳于箱体中（自动缠绕）		

图 3-6　车载吸尘器概念组合表

的形状为扁方形，那么团队所要考虑的组合数量就从72个减少到36个。第二，关注概念组合表中的耦合子问题。耦合子问题是指一个子问题的解决办法必须与另一个子问题的解决办法相互匹配、同时采用。例如，具体电源的选择（比如在充电电池和车内供电插座之间选择）和电线存放问题的选择（比如有电线和无电线之间的选择）严格来说就是相互关联的耦合子问题，概念组合表就不需要特意注明不同类型的电源，减少了团队所要考虑的组合数量。如果组合表所列的竖栏超过4个，组合表就比较复杂，实际中很少采用。

本章小结

　　本章主要讲述了创意的产生过程，包括问题探寻、问题梳理、形成概念、产生创意等内容。

目标训练

　　1. 调研目前市场上的洗衣机，做出问题列表。
　　2. 根据问题列表进行深入分析，并通过思维导图的形式选择问题关键点，做出概念组合表，从组合序列中挑选出最具有创新性的概念。

第4章
创意设计方法

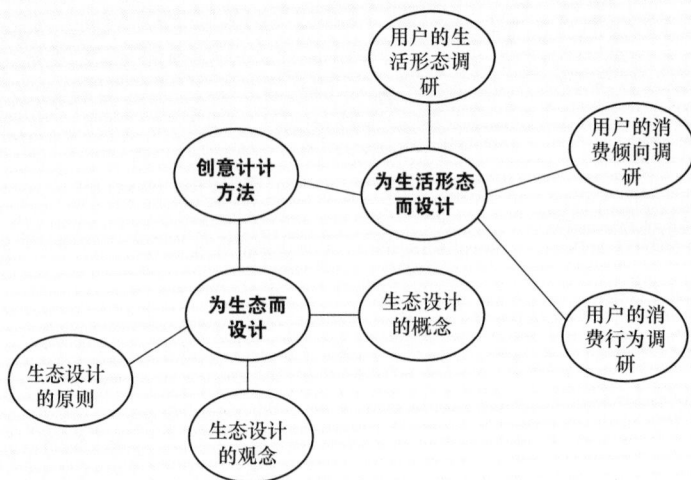

所有设计都是为了满足人们不同生活形态的需求，所以设计之初首先要研究的就是人们的需求。不同的生活形态对产品有不同的需求，本章主要从用户的生活形态、用户的消费环境和用户的消费行为方面对创意设计方法进行详细阐述。

4.1　为生活形态而设计

随着产品同质化现象和市场竞争的加剧，产品的创新设计愈来愈重视对于消费者生活方式的关注。生活方式的概念，来自社会学范畴，是指"一个人是如何生活的"，其内容主要包括人们的家庭生活方式、消费方式、闲暇方式和社会交往方式等四个方面。由于人的生活方式总要通过具体的日常生活活动得以展现，因此，从狭义上看，对生活方式的研究主要局限于衣、食、住、行、乐等"日常生活"层面。这也是目前设计师热衷关注的。

4.1.1　用户的生活形态调研

4.1.1.1　家庭生活

在与产品设计相关的调研中，家庭是个重要的、基本的行动功能单位，也是人们日常生活中"衣、食、住、行、乐"等发生的最主要、最稳定的活动场所，可以为设计提供很多信息。家庭生活是考察人们生活方式的一个重要方面，其中涉及年龄、性别、职业、教育程度、居住地、家庭状况、收入与支出、生活水平等基本信息，也涉及家庭结构关系，包括核心家庭（指由一对夫妇和未成年子女组成）、主干家庭（指父母或一方与一对已婚子女共同居住和生活）、独居家庭（指由于未婚、丧偶或离异而一个人居住）等，有时这些家庭结构的形态会直接影响某些产品的设计。例如，作为烹饪与交流中心的新型厨房设计，就必然涉及家庭的类型（是几口之家）、生活的形态（是中式还是西式）等问题。此外，以家庭为背景的生活习惯也不容忽视（图4-1）。

4.1.1.2　闲暇生活

此外，家庭生活以外的消费、闲暇、社会交往方式也是生活方式的重要内容。随着经济的发展和人们生活水平的提升，部分消费者的社会性生活方式也相应发生改变，变得日益重要。例如，闲暇已经成为日常生活的一个重要部分，成为社会与未来生活联系的一个新的重要节点，因此，有关这部分的活动往往成为概念设计中关注的重点（图4-2）。

设计者对生活方式的调查，不能像传统的营销人员那样，带着预设好的观点，然后从数据调查中得到所需要的结论来证明或否定这一观点。正如IDEO公司反复强调的，调查时要心态开放，不设定任何问题。消费者对自己生活中的潜在需求往往是模糊的，而常规的调研由于人为设定了种种前提，很难让消费者真正表达出自己的潜在需求。要想得出差异化的产

图 4-1　现代家庭生活形态　图片来源：淘图网

图 4-2　现代家庭闲暇生活形态　图片来源：淘图网

品，就要在调研中将重点放在对潜在需求的挖掘上。正如索尼公司所倡导的，"市场不是调查出来的，而是创造出来的"。因此，对生活方式的调研在于浏览与捕捉，不是停留在已经显性化的需求上，而是帮助消费者挖掘他们自己还没有发现的需求，从而形成产品创新点。

　　对生活方式的调查通常以定性与定量相结合为原则，可以通过对消费者进行问卷调查、入户访谈等方式进行，也可以通过采用消费者座谈会、深度访谈等常规的市场研究方法进行；或者由生活阅历丰富、勤于思考，特别是对历史、文化、行业、人生有长期思考、观察和体验的"专家"进行分析讨论得到；或者直接观察，通过拍摄消费者与相关产品使用配合的室内外环境、用品、服饰、音乐等情况来获得。然后进行分类整合、分析比较，对主要方面进行一定的视觉和文字的特征概述。同时必须注意通过关键词语和相关图片进行提炼概括，从泛性的资料中形成辅助设计的有效信息。

4.1.2 用户的消费倾向调研

消费倾向与生活方式相关，必须单列出来调研，因为对它的研究，有助于把握产品设计的背景情况，即对现实的消费环境、消费习惯、消费理想等有一个定性的分析。随着社会文化价值及消费倾向多元化时代的到来，这一点对于以消费者为导向的设计尤为重要。当前消费倾向可以细分为品牌倾向、健康倾向、个性倾向、休闲娱乐倾向等，另外还包括高科技倾向、网络化倾向等。实际上，从人们对各类产品的追求到对各种时尚消费行为的追随中，都可以清晰地看到目标消费群的特定消费倾向。

对于消费倾向的调研，不仅要看到人们今天的消费习惯、消费方式，更要看到明天的消费观念、消费趋势。随着经济水平的提升，人们的消费倾向也从理性的层次向感性的层次转变，转变过程中同时呈现出很多新的消费热点，这些热点影响着人们对于产品趋向的选择和设计师对于设计概念的把握。

目前主要的消费热点（图4-3）有以下几方面：

（1）住房消费。住房消费是指人们对住房的消耗、使用行为与过程中产生的消费，是人们生活消费的重要方面。

（2）旅游消费。旅游消费是人们基本生活需要满足之后而产生的更高层次的消费。随着人们生活水平的提高，这一消费占生活消费的比例越来越高。

（3）信息消费。信息消费是一种直接或间接使用信息产品或信息服务而产生的消费。在信息全球化发展的今天，信息消费占生活消费的比重极高。

（4）文化教育消费。文化教育消费指人们对接受文化教育的消费，包括接受学校教育、成人教育、岗位培训等各种形式的教育，也包括参与各种健康有益的文化活动、学习活动产生的消费。

（5）交通工具消费。交通工具消费，顾名思义，就是指购买、使用交通工具产生的消费。

（6）餐饮消费。餐饮消费指人们日常生活中饮食产生的消费。

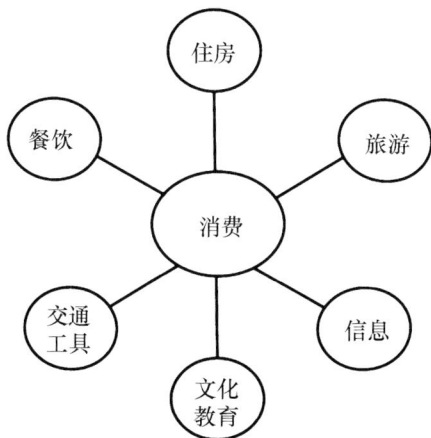

图 4-3 消费热点

对于消费倾向的调研可以运用很多直接或间接的方法。观察和访谈是比较有效的方法，这比单纯的市场数据调查更有穿透力，更能把握消费者的真正需求，将创新的思路转化为创新的产品，从而在新的细分需求中把握先机。此外，还可以通过网络来了解人们的消费倾向。例如，松下电器就率先通过网络来了解消费者，对冰箱色彩方案进行调查，选取调查对象为25~35岁的年轻女性，结果橙色获得超过半数的投票。这个结果大大出乎设计者的预料。这个结果也说明，设计一定要尊重消费者的选择，而不能是设计者的一厢情愿。

4.1.3 用户的消费行为调研

设计者关注的焦点不应该是人本身，而是人的使用活动。理解具体的使用活动，会设计出更好的产品。了解消费者的方法有很多，但每种方法都有利有弊。就传统的市场调查而言，也存在一些局限，即人们往往只会就提出的问题简单回答，不会进一步将实际更深层面的想法详细讲明。例如，飞利浦公司曾经想送一批收音机给若干消费者，其中有彩色和黑白灰等品种，当面询问他们时，都回答喜欢彩色的，但当让他们亲自选择时，却都选择了无彩色的。这个例子表明，以产品为中心的研究，即通过问卷、集中讨论、面谈等形式进行数据统计，由于形式和分析经验问题，也往往很少能得出有助于改进设计的突破性结论，而且即使获得结论，也几乎都限定在调查设计的现有期望之中。

对消费者的行为进行关注，就是聚焦于人们在使用产品或服务过程中的种种行为与活动，包括使用的行为、在何时使用、在哪些场合与地点使用、哪些因素吸引他们关注这个产品、哪些因素左右他们决定购买产品等，这些信息在设计创新中发挥着相当大的作用。这主要通过观察、拍照或录像等手段进行记录和分析，研究的是过程性系统，类似于文化人类学中的田野观察法。

要了解使用者如何使用这些产品，不是去问，而是去观察，去看他们哪里出了问题。例如去超市购物，如果只是问消费者购物中有没有发现什么问题，大家都会说没有，但当你站在那边认真观察一个人的整个购物过程时，就会发现，购物中存在各类物品堆放不方便选取、小孩子在车里玩不安全、排队结账慢、信用卡使用时出问题、付完账后正待装的物品和下一位顾客正付账的物品易混淆等问题。所以，只靠问是不能够解决问题的，设计者还需要观察消费者如何使用目标产品的整个过程，通过摄影或摄像来记录若干消费者的连续或同时进行的动作。最后研究每张照片，比较消费者行为的异同，找出有问题的地方加以分析、策略规划并通过设计协调解决。

此外，对消费者行为和活动的观察与研究，除了具体的使用过程外，还可以扩大到消费者与产品及服务之间的各种"接触"。在研究了消费者的整个消费周期后就会发现，其中有很多"接触点"发生的行为都值得再审视。这些行为有：

（1）产生了想买念头，着手进行产品调研。

（2）发掘产品并比较。

（3）走进商店实际把玩、感受、了解。

（4）买回家打开包装，商品出现在眼前时的体验。

（5）使用产品时得到的体验。

（6）后续服务。

图4-4所示为对儿童玩玩具行为进行的调研。

图 4-4　关于儿童玩玩具的行为调研　图片来源：淘图网

4.2　为生态而设计

在经济发展的影响下，自然能源与人类需求之间的关系正发生着日新月异的变化，工业生产日益显著地影响着地球生态系统。因而，当面临一系列由此产生的环境问题时，我们有必要重新审视人类的自我发展问题。这种情况下，当我们向市场推出一个新产品时，如若秉持可持续发展的理念进行构思和设计，就不可避免地要考虑它可能对环境产生什么样的影响。这意味着需要在生态可持续发展的前提下全面考虑产品的生产过程、产品本身以及使用产品的行为。因此，设计的产品所必须具备的品质也就不能只限于功能性和美感两个方面。

4.2.1　生态设计的概念

生态设计是创造性地探索系统、技术以及产品战略的替换性解决方案。与传统工业生产相比，生态设计与一般意义的设计一样，需要从各个方面和产品的整个生命周期去评估可能产生的结果，包括产品的使用方式、可以满足什么样的需求、其市场定位是什么、成本以及可行性如何等。因此，产品的外观设计应总体考虑这一系列因素，并根据功能与可持续性要求不断优化。从这个意义上讲，生态设计同样符合"形式追随功能"的原则。这样设计的产品就具有了便捷性、耐久性、模块化、多功能性、可适应性和可回收的特点。

4.2.2 生态设计的观念

许多影响环境的因素在产品制造和使用前，即在设计阶段就存在了。传统工业没有在产品设计中考虑环境的要求，到环境问题产生后才去治理。实践证明，传统工业末端治理费用更高，而且带来的很多环境问题也无法通过治理彻底解决。

如何将产品设计与环境保护融为一体，从系统的角度使产品从材料、设计上满足环境保护的要求，并与包装材料的视觉效果及保护功能等各方面结合起来，最终获得对生态环境影响最小的产品，需要从产品生命周期，即从原材料获取、加工，产品制造、使用和最终废弃处理方面来考虑（图4-5）。

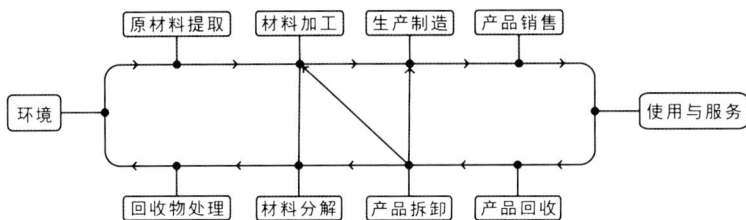

图 4-5　产品生命周期与环境的关系

生态设计有助于确定产品对环境的影响，找到减少影响环境的措施。生态设计还需要将环境问题的解决措施与产品成本、性能、文化和法规的要求进行平衡，最终选择可行的设计方案。

生态设计既能满足产品使用功能设计的要求，又能减少产品全过程对环境的影响，既有经济效益又有环境效益，是产品可使用性、环境性与经济性三位合一的设计理念。

4.2.3 生态设计的原则

生态设计最重要的一点就是要进行减材设计。有分析指出，目前市面上的产品几乎都存在用料过度的现象。如果根据"减少材料用量"的设计原则进行设计，那么产品的制造过程既节省了材料又节省了能源，在保护资源的同时也减少了有害物质的排放。与此同时，设计者还应尽量减少所用材料的种类，以免增加产品回收拆解和循环再利用的难度，满足产品"易于拆卸"的原则。产品在回收之前，通常需要先拆解成零部件，有时那些使用了不同材料的零部件也需要回收和再利用，因此，材料易于辨别就非常重要，为此许多国家都制定了相应的法规，要求明确标注产品或零部件的材料以便快速识别。

4.2.3.1　减少材料用量

一个有效的转变产品对环境影响的方法就是减少产品本身的材料用量以及在产品使用过程中所消耗的材料，特别是当其所使用的材料对环境的影响较大时。通常可以通过三个方面减少材料用量：产品包装和配送、产品的生产系统及产品本身。

许多产品的外包装会配上艺术化的彩色标签，如鞋盒、厨房设施的包装、家庭用品的包装，这是基于产品拆封后包装材料是否可以消除或再做他用考虑的。例如，许多计算机公司都有回收计算机运送包装盒及里面的泡沫材料的计划，这使该类外包装及内藏泡沫挪作他用的概率较小。

传统的包装通常只能一次性使用，购买的物品到达目的地后，其包装就会被丢弃。

如图4-6和图4-7所示，该咖啡桌与其外包装设计遵循减材设计的原则，外包装也是构成咖啡桌的必不可少的一部分，避免了浪费。两个绿色的包装由EPP（膨胀聚丙烯）材料制成，上面设计了细小的缝隙，玻璃桌面可以嵌入这些缝隙中进行运输和储存。在它们完成了包装的保护功能后，还可以很容易地组装起来变成玻璃桌面的支架。图4-8所示为该咖啡桌组装过程图。

图 4-6　咖啡桌设计　Aldo Petillo（意大利）

图 4-7　咖啡桌的包装设计　Aldo Petillo（意大利）

图 4-8　咖啡桌的组装过程　Aldo Petillo（意大利）

4.2.3.2 减少材料种类

减材设计的另一种方法是减少使用材料的种类，尽可能保持生产材料成分的单一性、不混合性。由于设计的原因，许多回收后的再生塑料会大幅度贬值，因此设计时应注意尽可能保持材料规格和附加设施的单纯。

减少材料种类需要对基本设计进行方案调整，通过独特的设计来解决包装、加工中的多种类耗材问题。这实施起来非常困难，但如果能够成功，其回报也很高。因为减少材料种类会减少加工工序，这势必会降低产品成本。

如图4-9至图4-11所示这款功能性小厨房设计，"极少要素"是该设计最基本的理念，材料的单一性和极致的功能性将这一理念完美呈现。该厨房是只用一种塑料涂层的金属线制成，将厨房空间的概念进行了重新定义，给人带来了与大型空间同样的体验。通过对所用材料的特别保护，小厨房弥补了其在清洁方面所缺少的实用性。这种厨房将各种单独的功能集成在一个无任何审美诉求的极简主义的结构中，虽然只有四个部件，却可以根据空间和需要自由布置。

图 4-9 功能性小厨房设计 Jan Dijkstra（荷兰）

图 4-10 功能性小厨房设计 Jan Dijkstra（荷兰）

图 4-11　功能性小厨房细节设计　Jan Dijkstra（荷兰）

4.2.3.3　使用生物材料

生物材料包括有机材料与衍生材料，如可降解的非石油塑料、利用玉米淀粉和土豆淀粉合成的可降解材料。图4-12和图4-13所示这款曲奇饼杯设计，是一个非常有趣的意式烹饪艺术的象征——可以吃的咖啡杯，可以替代传统的曲奇饼干。它给人们握住一杯咖啡这个行为带来了全新的感受。

该曲奇饼杯内部覆有一层糖霜和耐热食用胶，Lavazza著名的蓝色标识印在杯子外侧，有趣而不失功用。曲奇饼杯是用与日常生活习惯不同的方法做到生态设计的一个经典案例。

图 4-12　曲奇饼杯设计
Enrique Luis Sardi（意大利）

人们对水资源的不断开采和塑料包装的大量生产加剧了环境的失衡，有数据表明，2006年，仅美国一个国家就生产了270万吨PET塑料瓶，其中有80%被当作垃圾丢弃。Brandimage公司设计了一种纸质水瓶合理地解决了这个问题（图4-14至图4-16）。该设计取材于竹纤维

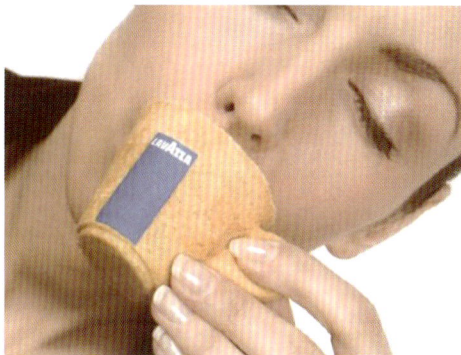

图 4-13　曲奇饼杯设计　Enrique Luis Sardi（意大利）

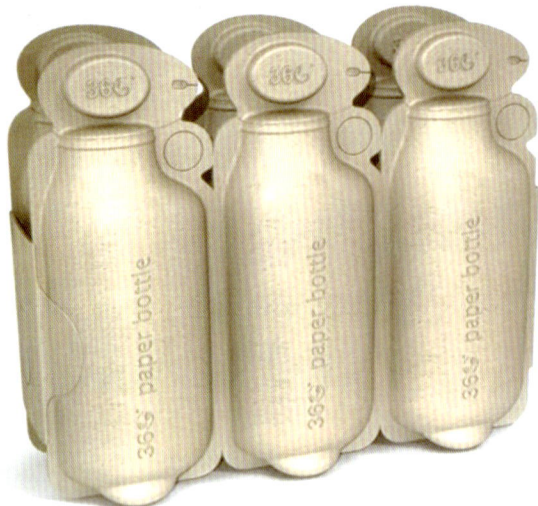

图 4-14　纸质水瓶设计　Jim Warner（美国）

图 4-15　纸质水瓶设计　Jim Warner（美国）

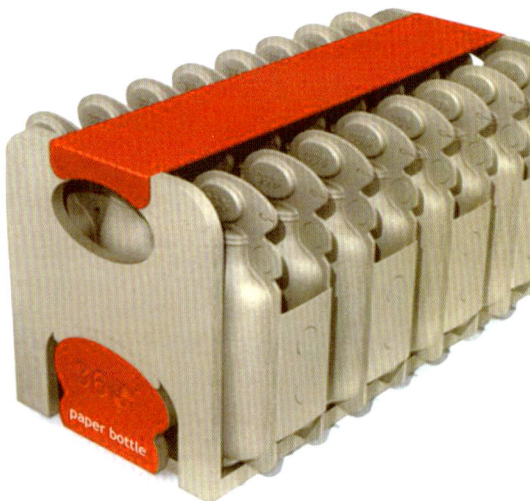

图 4-16　纸质水瓶设计　Jim Warner（美国）

和棕榈叶，混合PLA（聚乳酸）薄膜压合而成，可以防水。360°全方位纸质水瓶完全"绿色化"，且其减小对环境的影响不仅体现在用后废弃阶段，还体现在制造阶段，其商标印制运用压刻技术，全程实现了无墨水化。

4.2.3.4　组件设计

组件设计开始于对所提设计方案制造成本的估计，有助于开发人员在设计零部件、装配或辅助生产中大致确定哪些部分成本最高，然后使开发人员在后续的工作中将注意力放在适当的地方。这个过程是迭代的，在达到满意的效果之前，要数十次地重新估算制造成本并改进设计方案。只要产品设计可以继续改进，这种迭代就会持续下去，直到试生产开始为止。在某些时候，设计要被"冻结"，任何进一步的修改都会被认为正式的"工程变更"或变为下一代产品的一部分（图4-17）。

1．组件设计的概念

组件设计始于对产品尺寸以及各部件的合理布局的研究，其目的是确定和优化产品的外观形式。在这里，每一个组件都被认为一个具有独立生命周期的产品，且相互影响。

2．组件设计的原则

（1）使用与被连接零部件相同的材质做连接件。一般来说，一个产品在设计时如果能考虑使其易于装配，那么最后该产品也会容易拆卸。不过，两者之间也存在一些差异。例如在卡扣（整体的紧固件）的设计中，就需要特别注意，如果这部分零件需要再制造，就应使自动弹簧的拆卸和安装同样容易。另外，如果某零件的回收，只是为了再利用该零件的材料，那么拆卸时通常需要把连接部分分开，因而拆卸时间就完全不同于安装的时间。而

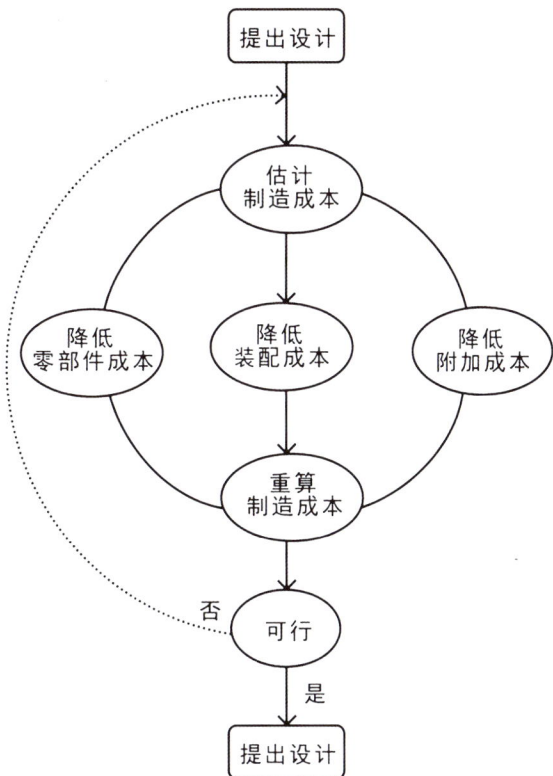

图 4-17　组件设计与成本估算的关系

且由于某些部件可能不值得拆开，或有些部件由相互兼容的材料制成不需要拆开，使得必须拆开的部件不同于必须安装的部件。

图4-18和图4-19所示这款Ic！Berlin系列眼镜，以框架全部钢制而闻名。眼镜的各部分扣在一起，不用任何胶黏剂或螺钉，这意味着整个眼镜都是可以回收再利用的。材料选用0.5mm厚的钢板切制，纤细、质轻。Ic！Berlin眼镜采用的技术使其具有实用、简洁的特点。此外，合理的人体工学设计，使Ic！Berlin可以适用于各种脸型而且佩戴舒适。Ic！Berlin眼镜还可以通过一系列可相互替代的零件实现个性化定制。

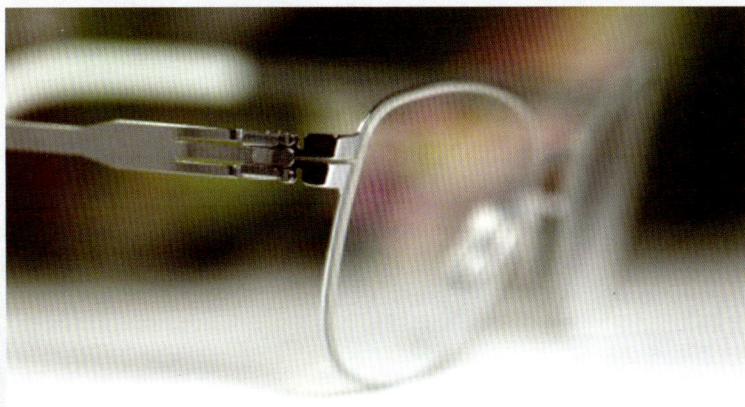

图 4-18　Ic！Berlin 眼镜　Ralph Anderl，Kathrin Schuster，Bernhard Schwarzbauer（德国）

图 4-19 Ic！Berlin 眼镜 Ralph Anderl，Kathrin Schuster，Bernhard Schwarzbauer（德国）

（2）尽可能减少生产中的浪费。减少生产中零部件的加工工序通常也会降低成本。一些工序可能是不必要的。对已有的设计反复斟酌，也许可以产生改进设计并简化工艺的方法。例如，铝制零件不需要上漆，尤其当它们不会被用户看到时。

考虑客户可能会接受自己组装一部分产品，尤其当他这样做会有其他好处时，如这样会使包装运输和安装更容易，同样可以减少生产中的浪费。然而，考虑到客户往往是外行，会忽略细节等因素，因此，设计一种客户可以简单正确组装的产品就是一个挑战。部件间应当有相互衔接的结构特征以使组装快速直观，这往往可通过做明显的颜色标注或插接结构来实现。

图4-20所示为Pandora Card一次性餐具设计，在研发阶段，设计人员就特别注意考虑了减少生产浪费、简化包装以及便于运输等问题。它的直线造型以及较小的尺寸意味着只需用很少的材料。而且设计者巧妙地利用了每个形态之间的正负关系，使得每个单体之间没有额外的材料浪费。

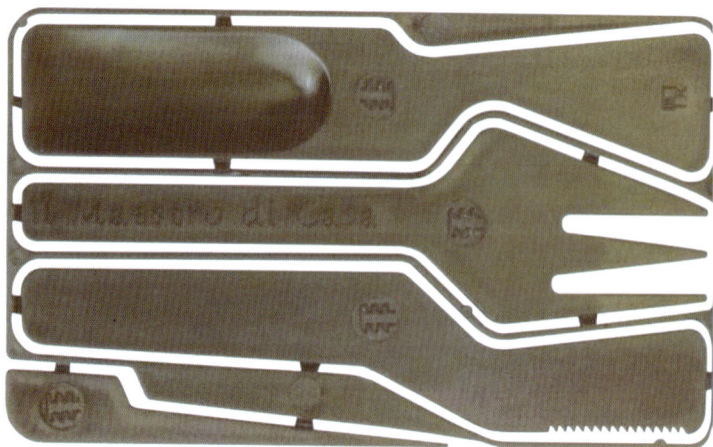

图 4-20 Pandora Card 一次性餐具设计 Giulio Lacchetti（意大利）

（3）避免可能使零部件拆卸工作复杂化的产品形态和系统。减少零部件的数量可以使拆卸工作简单化，以模块装配是一种减少零件数目的有效方式。这样，多个简单部件的分别组装将被整体模块安装取代。尽管像板材这样的部件在单个组装时更简单易组装，但如果需要组装的数量比较多，则组装难度将会加大。此时零件的模块化设计所带来的便利性是显而易见的。例如，可以通过模块来减小辨识的难度，使判断和操作更加快速有效。

两种零件数相同的产品装配时间仍然可能不同，这是由于实际中拿取、定位并装入一个零件的时间取决于零件的几何形状和装入所需的轨迹。装配零件的理想特性是：

①零件从顶部安装。零件在装配过程中无须倒置，重力有助于稳定已装配的部分，工人一般都可以清楚地看到装配位置。

②零件自动定位。零件可以设计成能自动定位的，最常见的是倒角零件。倒角可以通过将柱体的顶端做成锥面来实现，也可以通过对孔的开口处进行锥形扩充来实现。

③零件只需单手装配。单手装配零件比双手装配零件所需时间要少，且更少于需要起重机或升降机才能安装的零件。

④零件不需要工具就能装配。有些装配操作需要运用工具来完成，比如连接卡环、弹簧或开口销，它们会比不需要工具的操作耗费更多时间。

⑤零件装入后立即固定。一些零件需要后续的固定，例如拧紧、固化或借助别的零件紧固。在零件固定前，装配是不稳定的，需要特别小心，可能要用到临时的固定件，这会放慢装配过程。

4.2.3.5　延长产品的使用寿命

产品的使用寿命是指产品在合理的维护下，能安全运行并满足产品性能标准要求的期限。延长产品的使用寿命，能直接降低产品对环境的影响。很多情况下，寿命长的产品能减少生产过程中的资源消耗和废物的排放，减少产品废弃量和处置量。采取这项策略前，设计者应了解产品的正常使用寿命。

产品的工业生命周期开始于从自然资源中提取和加工原材料，随后是产品的生产、分销和使用，最后，在产品的寿命终止时，有几种回收选项——组件再制造或重复使用、原材料回收、在垃圾场中焚烧或沉淀。自然生命周期表示有机材料在一个连续周期中的生长和降解，通过在工业产品中使用天然原材料，并将有机材料再整合进入自然周期中，这两种生命周期如图4-21和图4-22所示，两者相互交叉。

尽管大多数产品的使用寿命都超过几个月或几年，但产品的生命周期在时间上更为广泛。大多数有机材料（基于植物或动物）可以快速降解，并转变为相似材料生长所需的营养物质。然而，另一些原材料（如矿物质），需要更长的时间才能生成，因此被视为不可再生的自然资源。因此，若将大多数基于矿物的工业材料堆放在垃圾场中，或许几千年都不能将其再创造为类似的工业原料（而且往往还会产生有害物），这不利于自然环境的保护。

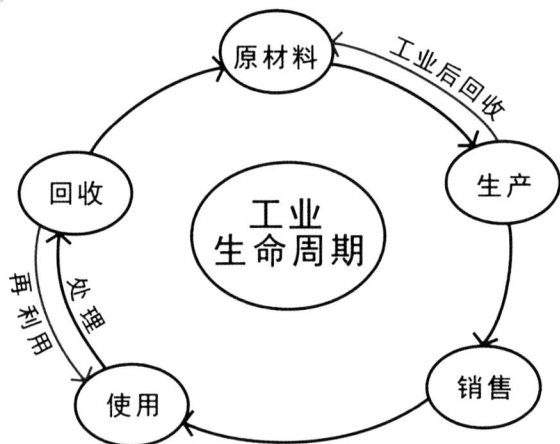

图 4-21　工业生命周期图

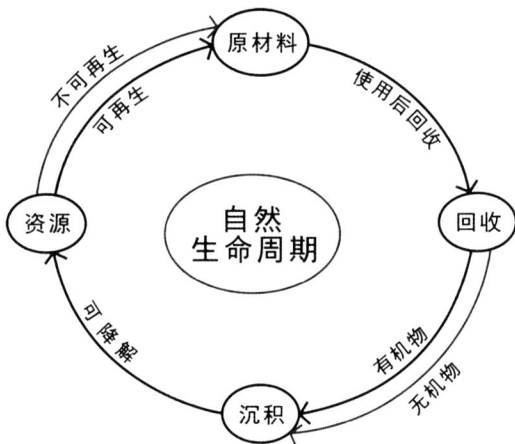

图 4-22　自然生命周期图

1．可持续性

可持续性的产品应能在延长使用寿命内持续地保持满足用户需要的功能。有些耐用产品在保持持续功能的同时不会增加资源的消耗，然而，有的产品在增加可持续性时会需要使用更多的资源。如果产品在市场中价格低、竞争性强、制造成本不是第一位考虑的因素，则不应把可持续性设计放在第一位。无论如何，可持续性常常是与产品的高质量联系在一起的。例如，加固的除草机总比一般的除草机耐用，使用寿命也长。当然，它们的价格也比一般的要贵，因为它们不需要频繁更换部件。

产品生命周期的每个阶段都会消耗能源和其他自然资源，并产生排放物和废弃物，这些都会对环境产生影响。从生命周期的角度，为了达到自然可持续性的条件，产品中的原材料必须在一个可持续的、闭合的周期中实现平衡。这对达到可持续性的产品设计提出了挑战：

（1）消除不可再生资源的使用（包括不可再生能源）。

（2）消除无法快速降解的合成物和无机材料的处理。

（3）消除不属于自然生命周期的有毒废物的产生。

瑞士宜家在家具产品设计时尽量采用可回收材料。宜家与瑞典废品管理回收公司合作向顾客提供家具回收服务，目的是寻找材料分拣途径，对材料进行再利用。更为重要的是，从中获得认识，以更理想的方式设计未来的产品（图4-23和图4-24）。

2．易升级性

易升级性就是允许产品持续升级或者具有不同的服务功能。模块设计的产品可使单一功能的元件易于更换，根据需要提升或改进其产品的功能。

模块化就是在对一定范围内的不同功能或相同功能而不同性能、不同规格的产品进行功能分析的基础上，划分并设计出一系列功能模块，通过模块的选择和组合构成不同的产品，以满足市场的不同需要。利用模块化设计可以很好地解决产品品种、规格与设计制造周期和生产成本之间的矛盾。模块化设计也为产品快速更新换代、提高产品质量、方便维修、产品废弃后

图 4-23　宜家家具　图片来源：宜家官网　　　　图 4-24　宜家家具　图片来源：宜家官网

的拆卸回收、增强产品的竞争力提供了条件。

产品的升级能延长其使用寿命，避免因为技术陈旧而被淘汰。元件组合式的形式是升级性产品设计的最佳选择。为降低产品全生命周期对环境的影响，升级产品的元件后，其材料成分应与原来一致，不会产生或增加新的环境影响因素。

如图4-25所示，宜家的这款"和家人一同成长的沙发"可以适应因家庭成员的变化而带来的生活需求的变化，利用模块化设计可以将沙发随意变换为单人沙发或是可容纳多人的大沙发。也可以重新排列各个部件，打造出全新的组合。"无论生活如何变化，都能拥有合适的沙发。"

3．易维修性

可维修的产品系统能在控制条件下通过调整达到最佳性能。很多复杂的产品设计为延长使用寿命，需要提供更多的服务和技术支持。任何与产品制造、批发销售或零售相关方都是产品的维修提供者。若产品设计为可维修的，则需要设计人员确定由谁提供维修服务。顾客也可

图 4-25　可以"成长"的沙发　图片来源：宜家官网

以是产品的维修者。设计人员应该确定这些服务产品的目标需求并纳入设计中，应为他们提供维修的工具和一定的专业知识，提供产品性能维修的技术支持，这样才能为他们提供正常的维护和维修服务。大多数情况下，结构简单的产品，易于维护与修理。

维护包括定期对产品的清洁、预防性的局部调整、校准等活动。正确地和定期地维护产品，有助于延长产品的使用寿命，节约资源和减少污染。例如汽车发动机，正常的维护做好了，能减少事故的发生，提高燃料的使用效率，减少有害尾气的排放。延迟或者忽视了正常的维护，产品易造成损害，既减少了使用寿命，又会增加废物的产生。设计人员应尽可能创新设计，使产品易于维护。此外，设计人员还应弄清楚产品拆卸元件的部位、需要的工具；维修人员的素质；维修程序的复杂性；产品维修潜在的误差；设计中要求的产品正常维修的周期。

零部件拆卸的时间、复杂性和可接受性都是影响产品修理的重要因素。容易修理的产品也依赖于元件或零部件的可交换性和标准性。可交换的零部件一般是由一家零部件生产厂家制造的。标准化的零部件可以是不同零部件生产厂采用统一标准制造的。标准化的零部件，可使零部件的更换和安装更容易。标准化设计也使所有零部件的制造和安装都能有可接受的设计标准。

本章小结

本章主要讲述了产品创意设计的两种方法，一是研究生活形态的设计，需要具体到每个研发产品所对应的生活形态，从中发掘出与使用该产品相适应的行为、心理的需求。二是产品的生态设计方法，可以通过减料设计、组件设计、延长产品的使用寿命等方式达到生态设计的目的。

目标训练

1. 请针对幼儿园儿童进行生活、学习、娱乐等方面的调研，寻找设计点，并进行2款相应产品的设计研发。

2. 分别运用减少材料用量、减少材料种类、使用生物材料、组件设计的设计方法设计一款符合生态发展的产品。

第5章
创意过程视觉呈现

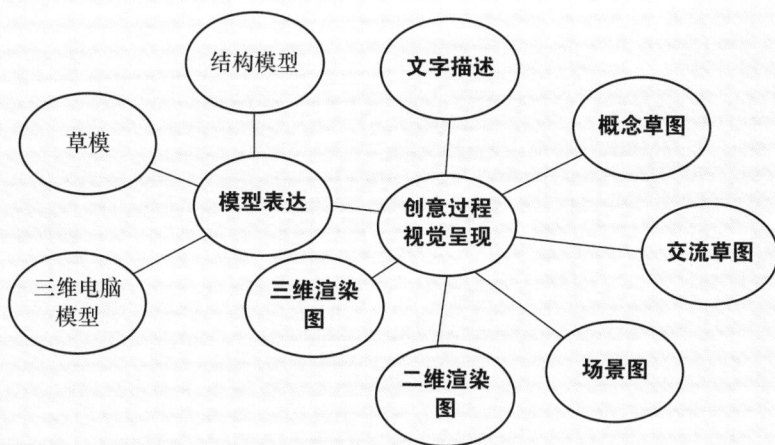

　　创意过程的视觉呈现主要是把设计过程中每部分思维的内容用可视化的文字或图形表现出来。创意过程表现包括文字描述、概念草图、交流草图、场景图、二维渲染图、三维渲染图、心情板、动画、模型表达等（表5-1）。

　　创意过程的视觉呈现方式与产品概念表达的阶段密切相关。举例来说，当我们对儿童玩具设计进行问题寻找时，我们会使用文字描述的方式将调查的问题表述出来，同时会附以图片或故事情节图板进行情境代入式表现。

表5-1 视觉呈现与调查模式的匹配

调查模式 / 视觉呈现	电话	问卷	网络邮件	面对面交流
文字描述				
概念草图				
交流草图				
场景图				
二维渲染图				
三维渲染图				
心情板				
动画				
模型表达				

而产品创意过程表现则与创意概念的发生过程密切相关。一般来说，概念选择是产品开发过程中的一个非常重要的阶段。在没有确定概念方案的情况下，设计不可能进行后续的工作，因为不正确的决定将会浪费大量的时间和财力。

概念选择是一个不断重复循环执行的过程：

（1）达成对所用标准的一致意见。

（2）达成对所用概念的一致意见。

（3）对可选概念进行排序。

（4）对可选概念进行评估。

（5）对否定意见进行讨论。

执行后面的步骤时，根据需要可能要回头重新执行前面的步骤，这样能做出更好的选择。并且这些步骤需要在若干个序列中不断重复。在概念选择、方案确定这个过程中伴随着多种视觉呈现方式。

5.1 文字描述

文字描述一般是用一段话或者是要点的集合来简略地描述产品概念。在产品创意设计过程中，需要对收集的相关情报和资料做进一步的整理、分析和组织，这些描述性的文字一般是对事实的陈述，其本身不能提供对问题的判断和解释，更不能用于设计的交流与沟通。而要使设计者所发送的设计信息的意义能够被受众正确解读，就需要设计师根据设计信息传递对象的不同，把与设计项目相关的、分散的、杂乱的信息进行组织，使之转换为能揭示设计本质并能用于评价、创新、交流等活动的有效信息。

这样的描述不带有任何主观的评测，而是阐述客观事实。例如，对儿童自行车设计的描述：这是一款便携式的儿童自行车，不需要任何工具即可以方便折叠，车把、车座具有快拆调节设计，更方便于携带到建筑物里面或者公共交通工具上面。自行车重约10千克，轮毂为14寸（1寸=3.33cm），适合3~4岁儿童骑行。封闭式链罩，连体曲柄设计，使骑行更加安全。

5.2　概念草图

概念草图可以说是设计者思想最初视觉化的表现。设计过程的起步往往都是从一支铅笔和一张纸开始的，设计者会把自己内心的想法用最快的方式呈现在这张纸上。

创作总是要时刻保持灵活开放的思维。在这一阶段，不要否定任何方案，而是要把头脑中的想法全部画在纸上，产生大量的创意图形，并不断地进行变形发散，最后再将其总结成一个系列。这一阶段还包括在全部创意中选择潜在的优秀创意，这些潜在的优秀创意日后可能会发展成为真正的设计方案。

很多设计者喜欢把创意画在一个草图本中，在最初创意的基础上衍生出新的草图，在继续推敲的基础上又会发散出更多的创意概念。这样的一个草图本就像设计者的视觉创意回忆录，集合了所有概念发想的变化过程。

绘制概念草图是设计者展开和表达自己设计构思的重要创造手段和过程。在进行产品设计的创意阶段，设计者必须有效地进行发散思维，以获得更多的构思方案。由于头脑中的构思会稍纵即逝，必须快速地加以记录，而钢笔、马克笔等工具具有表现快速的特性，因此是画设计草图的重要工具。设计草图的绘制无特别的规范和限制，往往在同一画面既有透视图、剖面图，又有细部图，甚至结构图。设计草图更加偏重于思考过程，是设计者之间、设计者与用户之间交流的重要手段（图5-1）。

图 5-1 鼠标概念草图 尹金

5.3 交流草图

交流草图以说明产品的使用和结构为宗旨，方便设计者与他人之间的交流。其基本以线条为主，附以简单的颜色或加强轮廓线，通常会加入一些简短的说明性的语言。偶尔也有运用卡通式语言的草绘方式。交流草图一般用以展现产品大的形体以及存在结构的细节部位。通过对产品细节的深刻描绘，设计者可以认识产品、理解产品，并可以借此机会去思考形体存在的内因。其他人员可以通过交流草图明白产品的功能及使用方式。形体是有意义的存在，并不是设计者情感的再现，所以经过优化的形体是要有结构和功能作支撑的。

在用交流草图表达产品的细节时，还需要在关键位置加入一些必要的结构线，目的在于使产品表面的起伏转折及形体的结构变化看上去更清晰；还可以省略某些复杂的暗面和细节部分的绘制，达到简化图形的效果（图5-2和图5-3）。

图 5-2　仓储叉车细节设计草图　李浩东

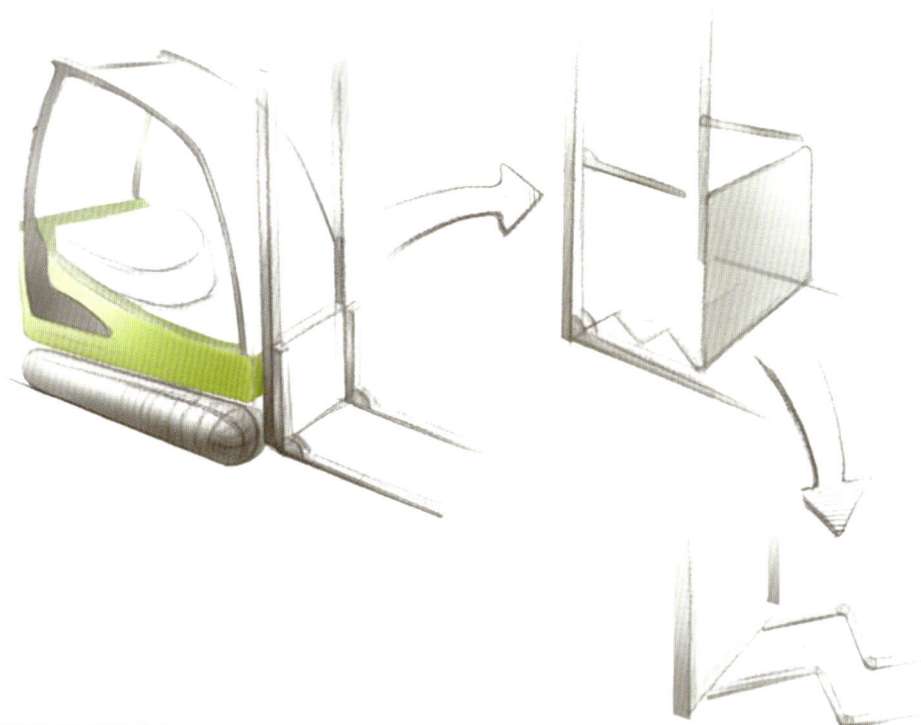

图 5-3　仓储叉车结构设计草图　李浩东

5.4 场景图

　　产品有时要放置在它应该存在的环境即场景中，才能唤起人们内心深处的共鸣。场景图既可以很好地解释产品的功能用途，是对产品自身效果的一种烘托。经常使用的场景图一般是将产品融入一个它所应该存在的使用环境中，使人们通过所熟悉的环境来认识和理解产品。

　　有时绘制场景图只是为了对产品进行一种艺术烘托，且一般用于造型结构相对简单的物体。运用合适的背景图片与产品很好地融合在一起，可以将产品带入一种意境，提升其视觉感受。在这种意境的处理中，经常会用到景深效果，以突出产品的某个局部，其中虚化的部分可以起到衬托主体物的作用（图5-4）。

图5-4　电磁炉设计场景图　李颖

5.5　二维渲染图

　　所有的线稿图不仅只是用来进行内部交流，它还可以通过简单的上色处理来增加图形的立体感，方便与客户进行最初设计想法的沟通。二维渲染与产品三维建模相比最大的优点是快捷，设计者可以用很短的时间完成设计想法的立体呈现。它以线稿为底图，在PhotoShop、CorelDRAW、Illustrator等二维软件中操作编辑完成，一般是选取需要上色的区域进行色彩填充，运用减淡和加深功能工具快速在物体表面添加光影和反射效果，突出造型的大体结构及不同曲面的转折变化。

　　电脑二维渲染图是直接表现产品的正视图、侧视图、俯视图等必要视图的有效方法。其优点是作图较为方便，对于产品几个特定面的视觉效果表现最直接，尺寸比例没有任何透视误差、变形等（图5-5和图5-6）。

图 5-5　仓储叉车二维透视图渲染图　李浩东

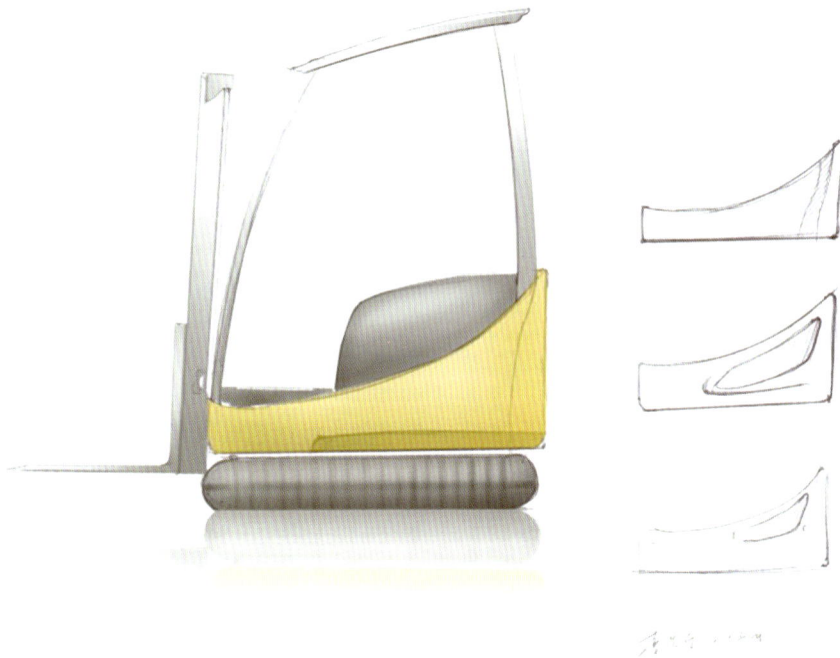

图 5-6　仓储叉车侧视图渲染图　李浩东

5.6 三维渲染图

三维渲染中的构图、材质（包括色彩）、灯光组成渲染的最后图像。

（1）构图。构图是产品渲染的第一步。通过分析产品的造型，可以确定产品如何构图。

（2）材质。材质本身的感觉特性以及材质经过表面处理后所产生的心理感受构成材质的"表情"特征。它们给产品注入了情感，就像镶在产品上的"微笑"，启发人们将其纳入相应的表情氛围与情感环境中。

（3）灯光。当赋予产品材质后，剩下的工作就是布光了。在图像中，一般有一个主光和多个辅助光，借助主光的照射，可以表现物体的造型和结构，保证图像的可视性。产品的细节、质感的表现，是由主光和辅助光共同完成的，这些可以通过调节灯光的光量、角度和硬度来实现。

　　计算机辅助设计系统正逐渐成为设计过程中不可缺少的角色。随着Rino、Alias、3d Max、Maya、Pro/ENGINER等三维建模和渲染软件的兴起和这些软件的功能不断强大，效果图也由传统的手绘方式转化为由计算机辅助完成。这些三维软件不仅给设计者提供了灵活的设计空间，还提供了强大的灯光渲染等功能，使设计者能够充分发挥自己的想象力，丰富表现手段（图5-7）。

图 5-7　洗衣机三维渲染图　徐海豪

5.7　模型表达

　　产品模型是表现产品设计意图最直观、最真实的一种形式。制作模型的目的是将设计者的设计方案以形体、色彩、尺度、材质等语言进行具象化的说明，用以与工程技术及企业管理人员进行交流、研讨、评估，检验设计方案的合理性，为进一步调整、修改和完善设计方案提供实物参照，同时也为制作产品样机和产品投产提供依据。最终完成的模型还常常被用来展示，以此获取订单等。美国著名咨询设计公司IDEO的总经理汤姆·凯利在其著作《创新的艺术》中曾经这样评价模型的重要性："制作模型就是解决问题。它是一种文化和语言。你可以制作关于任何东西的模型——一种新产品或服务，或者是对一种物品进行的特别的改进。重要的是要让球前进，为得分而努力。"因此，模型是设计者进行设计表达的重要设计方法。

5.7.1 草模

车载吸尘器草模如图5-8至图5-13所示。

图 5-8　车载吸尘器草模制作　郭立杰

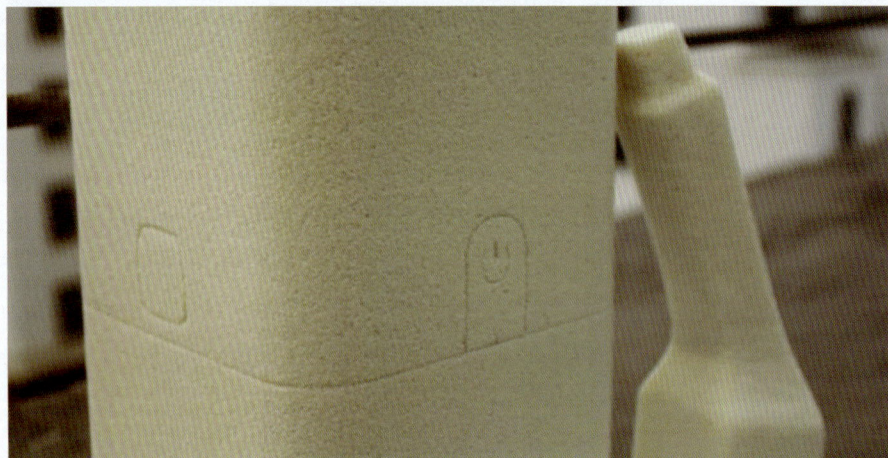

图 5-9　车载吸尘器手柄草模制作　郭立杰

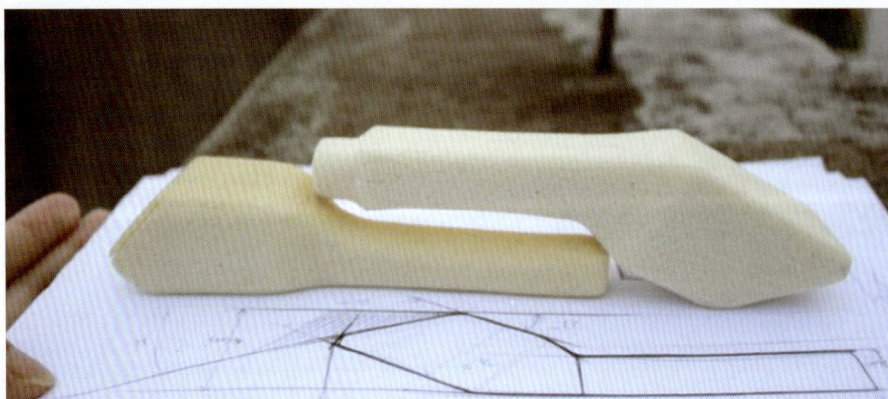

图 5-10　车载吸尘器箱体草模制作　郭立杰

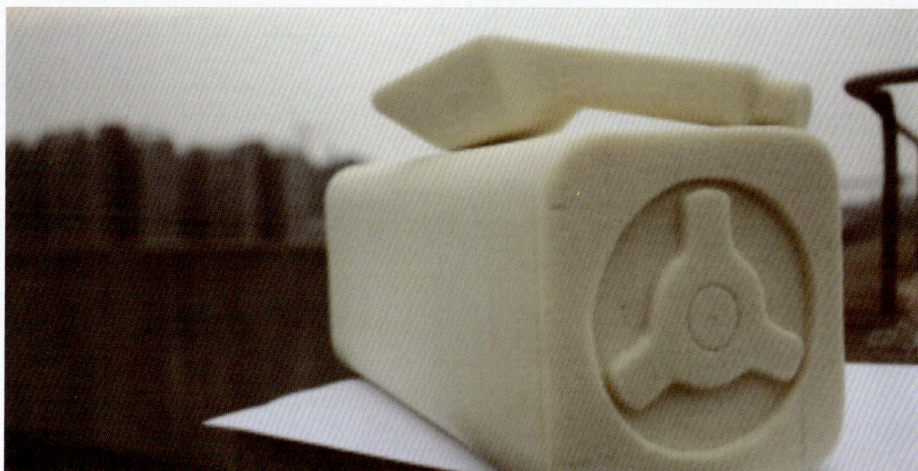

图 5-11　车载吸尘器手柄造型探索　郭立杰

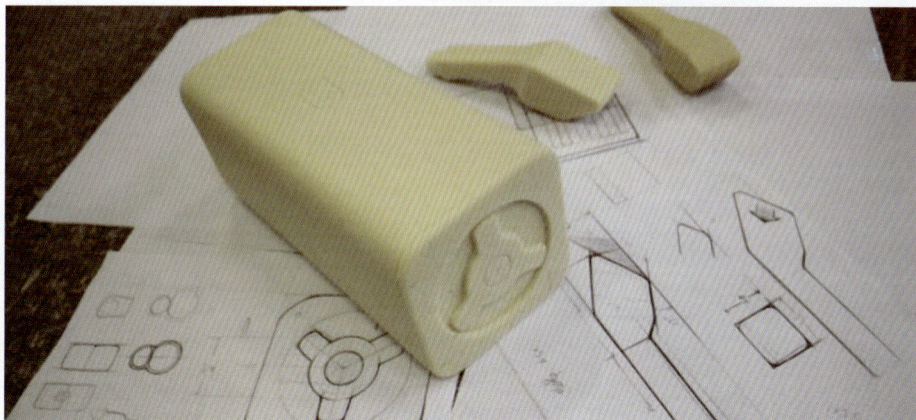

图 5-12　车载吸尘器箱体细节造型探索　郭立杰

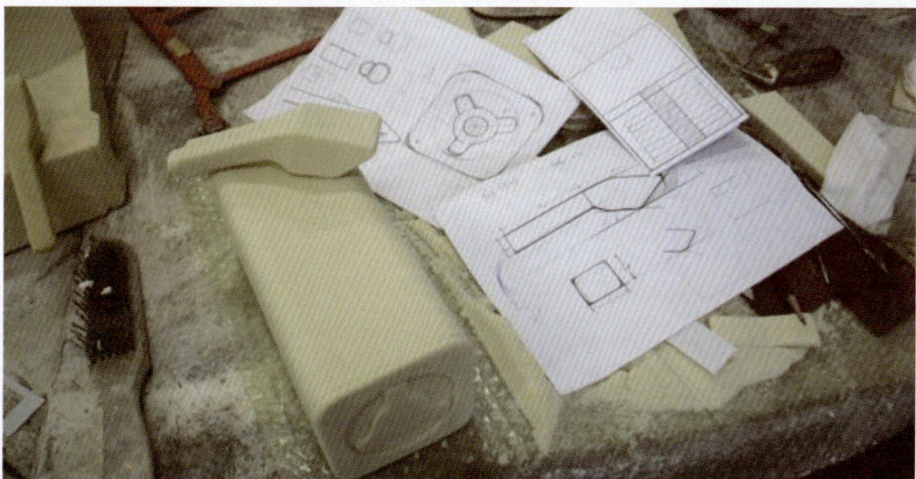

图 5-13　车载吸尘器草模制作　郭立杰

5.7.2 结构模型

车载吸尘器结构模型如图5-14和图5-15所示。

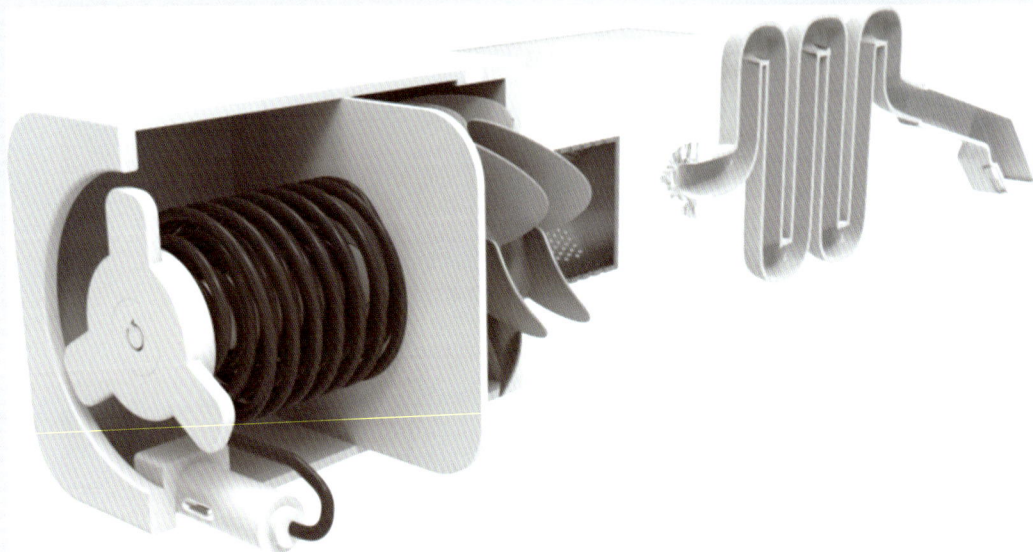

图 5-14　车载吸尘器箱体内部结构图　郭立杰

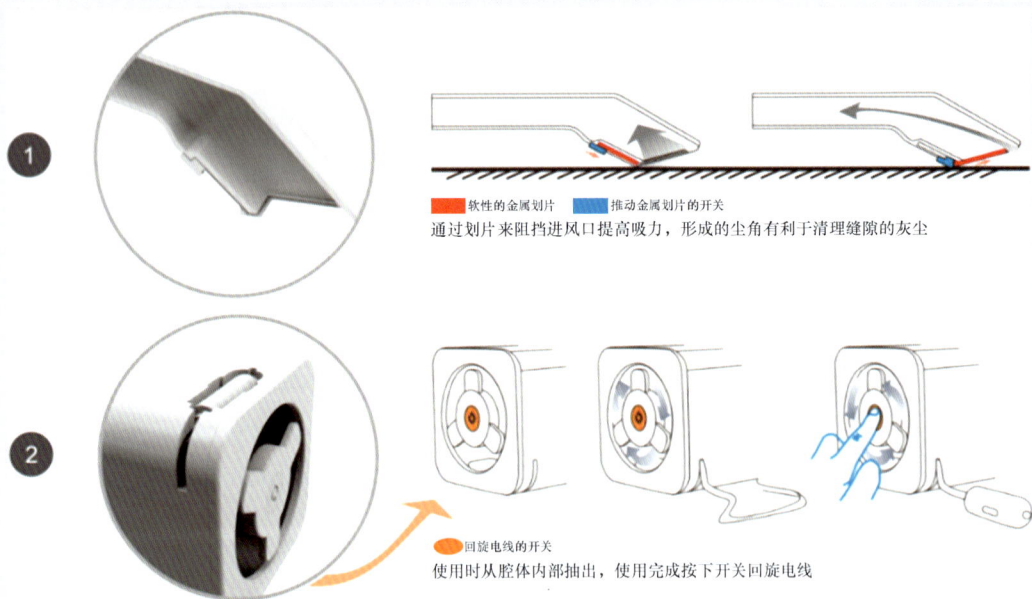

① 软性的金属划片　推动金属划片的开关
通过划片来阻挡进风口提高吸力，形成的尘角有利于清理缝隙的灰尘

② 回旋电线的开关
使用时从腔体内部抽出，使用完成按下开关回旋电线

图 5-15　车载吸尘器细节结构图　郭立杰

5. 7. 3　三维电脑模型

车载吸尘器三维电脑模型如图5-16至图5-19所示。

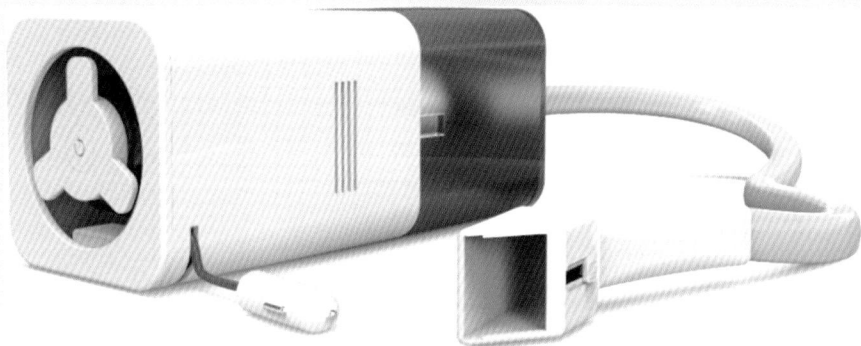

图 5-16　车载吸尘器三维电脑模型　郭立杰

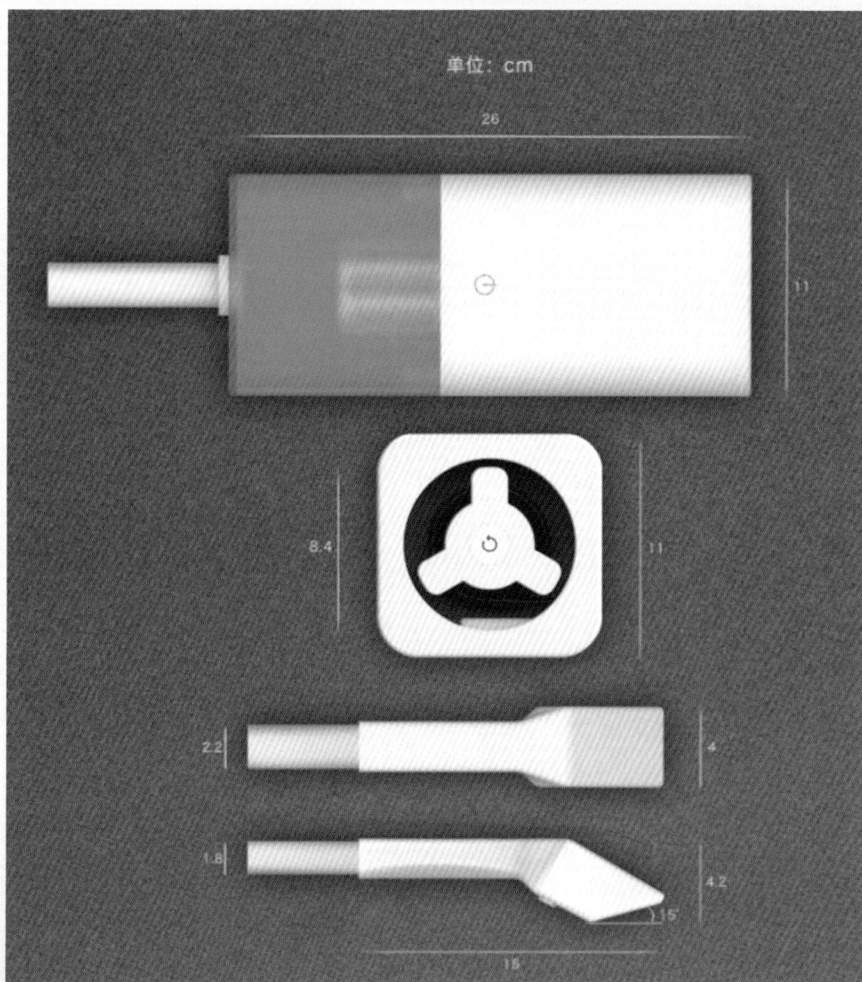

图 5-17　车载吸尘器部件拆解图　郭立杰

图 5-18　车载吸尘器内包装设计　郭立杰

图 5-19　车载吸尘器使用场景图　郭立杰

本章小结

本章通过大量实际设计案例，对设计中各个阶段的图形呈现进行了讲解，从中可以清晰地看到设计者的思维变化过程，为学生日后进行设计创意视觉呈现提供了参考模板。

目标训练

请对超市购物车进行详细调研，设计一款符合现代人生活需求的超市购物车，并进行详尽的设计过程视觉呈现。

第6章
创意设计案例
——基于互动体验的儿童益智类玩具设计

本章选取了较为典型的设计案例，从不同角度阐述了产品市场分析及定位、设计思想、设计方向的确定、设计创意和设计开发的过程。本章案例由徐海豪设计。

6.1 课题背景

随着科技的发展和时代的进步，家长对于儿童成长过程中所涉及的教育、健康等的关注度越来越高。早教成为当下最热门甚至是必备的学龄前儿童成长课程。传统的早教活动中，更多的只是儿童对玩具的单向互动，玩具基于儿童互动的动态反馈非常少，这样造成的结果便是儿童漫无目的地玩耍，益智效果不明显。而且对身体各部位的锻炼也比较少，有时还需要家长全程陪同，浪费很多不必要的时间。随着互联网的发展和智能产品的开发，互动体验式儿童益智类玩具开始在早教中扮演优秀早教老师的角色，如iPad、点读机等电子产品。互动方式也不再只是传统的人对产品的单向互动，而变成了人与产品的双向互动。互动形式也变得更加丰富、智能和情感化。

该课题主要针对益智玩具的定义、国内外发展现状以及不同时代的产品进行对比分析，研究传统的益智玩具与现代益智玩具的差异，思考在这个信息时代，如何将益智玩具植入虚拟游戏中，使之既能进行人—机—人的双维度互动体验，又有明确的益智功能，达到益智健体的效果。图6-1为市场调研资料图。

图 6-1　市场调研资料

如今，高智能化仿生玩具逐渐成熟，它们集声、光、电感应系统，机械控制系统和集成电路"芯片"于一体，是可以与人们产生交流和感应的玩具，具有人情味、趣味性，被越来越多的人欢迎。

iPad的出现有效地促进了交互式玩具的流行。现阶段iPad已经是最热门电子产品中的一员。出色的交互体验和炫彩的动画效果，能够立刻吸引孩子们的眼球，给孩子提供高质量的益智游戏。但是，从另一个角度来看，iPad的流行也给孩子的身体健康带来了危害。由于学龄前儿童的身体还处于生长发育阶段，错误的姿势和过度地使用某一部位，都非常容易对孩子造成损伤。iPad对孩子眼睛的伤害是非常大的，容易造成孩子视觉疲劳，眼睛干涩，甚至产生慢性视觉功能障碍。慢性的视觉功能伤害根源就在于孩子平时经常且长时间地对着强光物体，致使晶状体浑浊，黄斑区的感光细胞水肿坏死，致使视力下降，严重者会导致失明。而慢性光损伤由于发展缓慢，症状容易被忽略，其所造成的视功能损害是不可逆的。图6-2是孩子在身体自然放松的状态下，使用iPad玩游戏的场景图。图6-3是人眼晶状体处于放松和绷紧的状态对比图。当人的注意力集中盯着屏幕看时，晶状体会长时间保持紧绷状态，对眼睛造成极大的伤害。

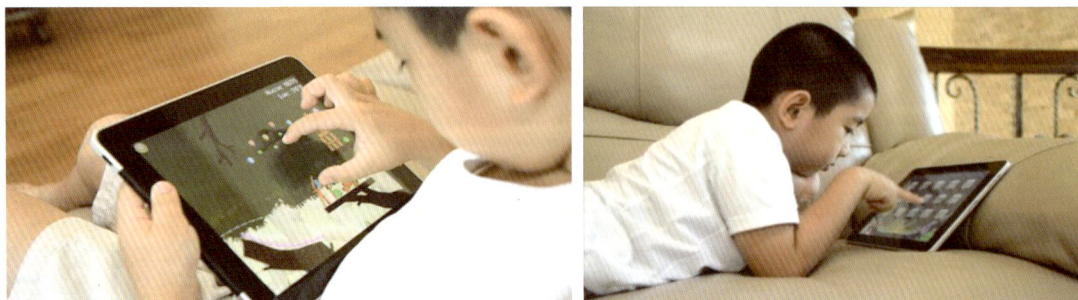

图 6-2　孩子玩平板电脑游戏场景

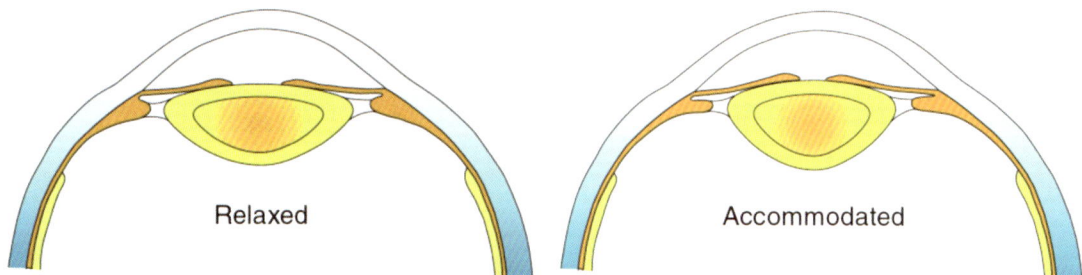

图 6-3　晶状体调节状态对比图

　　2015年1月，加拿大设计师Athavale和她的团队，在众筹网中发布了她们耗时三年打造的基于互动体验的儿童益智类玩具的创新性设计——LUMO，一经发出，席卷全球。它颠覆了传统的交互式游戏模式——屏幕小、静坐等局限性的使用方式。这是一款投影仪，它将投射出的画面作为儿童玩耍的场所，产生了新的人机交互方式。图6-4是LUMO产品外观效果图，图6-5是LUMO功能说明图。

图 6-4　LUMO 产品外观效果图

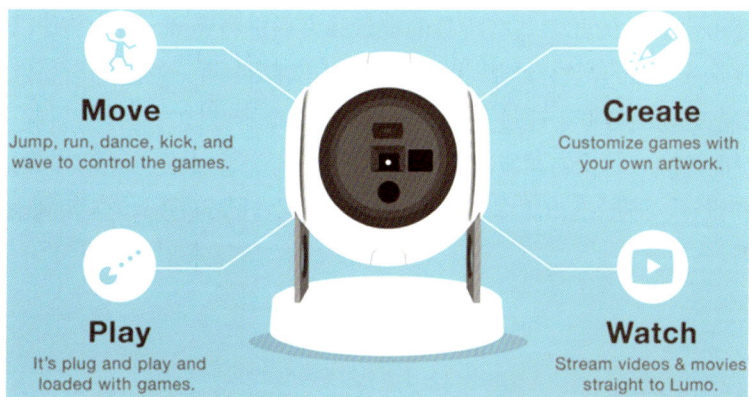

图 6-5　LUMO 功能说明图

LUMO可以在任何一个地方使用。只需要一块小小的空地，投影仪就能将画面投射在地面，选择游戏模式后，会出现相应的游戏，孩子们可以用踩、跳、踢、捏、揉等动作与画面中所出现的物体进行互动。这不仅提高了孩子们的运动量，还拉开了他们与电子屏幕的距离，让虚拟游戏与现实运动融为一体，获得了全新的互动益智体验（图6-6）。

图 6-6　产品使用情境图

6.2　课题研究的流程

　　通过对基于互动体验的儿童益智玩具的现状和发展进行调研，来了解当下互动体验形式的玩具对学龄前儿童早教的影响及对学龄前儿童智力发育的训练效果。其意义在于能够让人们更多地关注学龄前儿童的教育，通过互动体验的方式来益智健体。这样一款玩具不仅能够让孩子益智健体，更能够顺应时代的潮流，基于当下的科学技术与人们的生活方式完美地融合。通过不断的研究和设计，不断推出更多创新性的互动方式。图6-7所示为对互动体验儿童益智玩具的研究流程图。

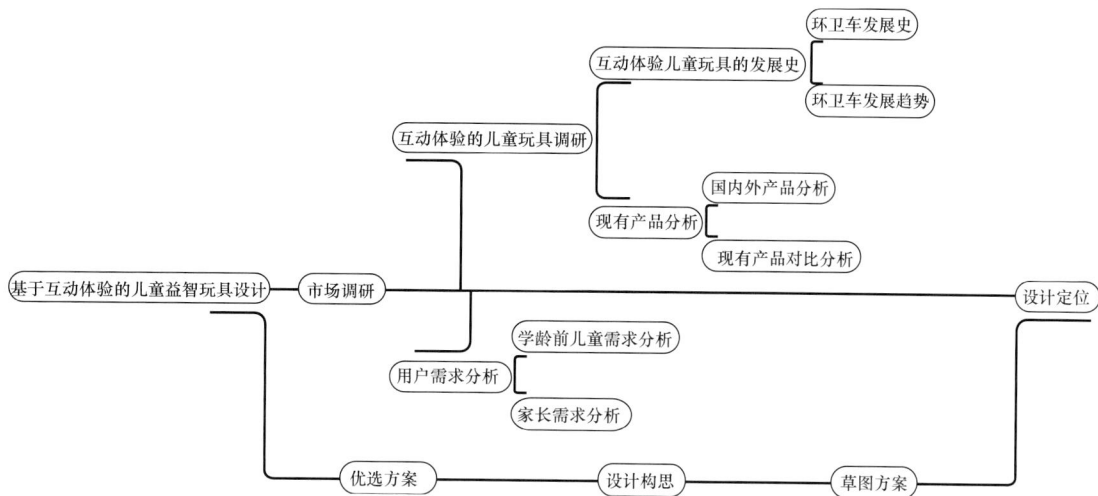

图 6-7　研究流程图

6.3　设计定位

通过前期的调研总结，明确设计定位和方向。

实际问题：学龄前儿童长期保持在静止状态下使用电子屏设备玩游戏，对眼睛造成极大的伤害，身体代谢缓慢。平时受空间和设备限制，运动量小，对身体各部位发育有严重影响。

使用人群：学龄前儿童（4~6岁）。

使用场景：室内（家中）、户外（公园草坪、足球场）。

使用方式：虚拟游戏与现实运动融合体验（踢、跑、跳、瞄准）。

锻炼部位：儿童的智力开发、晶状体调节能力、身体协调能力、大脑信息接收与反馈、团队协作等多方面的能力。

6.4 创意设计过程

6.4.1 阶段一——头脑风暴与问题寻找

基于前期调研分析，总结出学龄前儿童的启蒙益智玩具需要满足的六大原则：激励性原则、阶段性原则、简易性原则、安全性原则、趣味性原则、形象性原则（图6-8）。

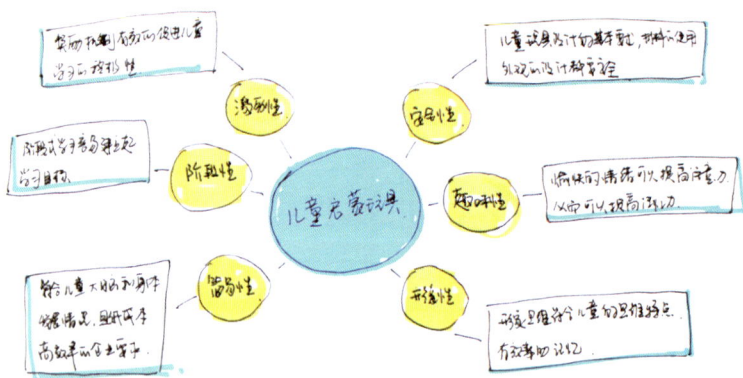

图 6-8 玩具设计六大原则

在了解清楚学龄前儿童玩具设计的一些国家标准以及设计原则之后，开始进行头脑风暴，通过情景演绎法，构想儿童在不同的环境下所接触的事、物、人，基于这些因素来进行思维发散，获得设计灵感。

通过头脑风暴，构想儿童所接触的事、物、人共7个，从中发现问题24个，总结设计需求17个，如图6-9所示。

通过头脑风暴，发现基于互动体验的儿童玩具研究空间非常大，在这24个问题、17个设计需求中，笔者针对之前的设计定位中所构想的方向，选取了3个最为迫切的需求与指导老师进行设计需求讨论，最终基于所提倡的设计理念和当下市场的情况，选择了一个市场空缺大、对于孩子益智健体方面综合性强的设计点——家庭足球场。针对家庭足球场的雏形设计概念，继续对其进行思维发散，最终提取1个设计需求、3个设计模块、16个设计点。图6-10所示为基于家庭足球场的思维发散图。

根据家庭足球场思维发散图，笔者对足球文化、足球运动的特点、足球对于学龄前儿童发育的帮助进行了一系列的研究，最终发现，足球运动对于学龄前儿童的发育有以下帮助：

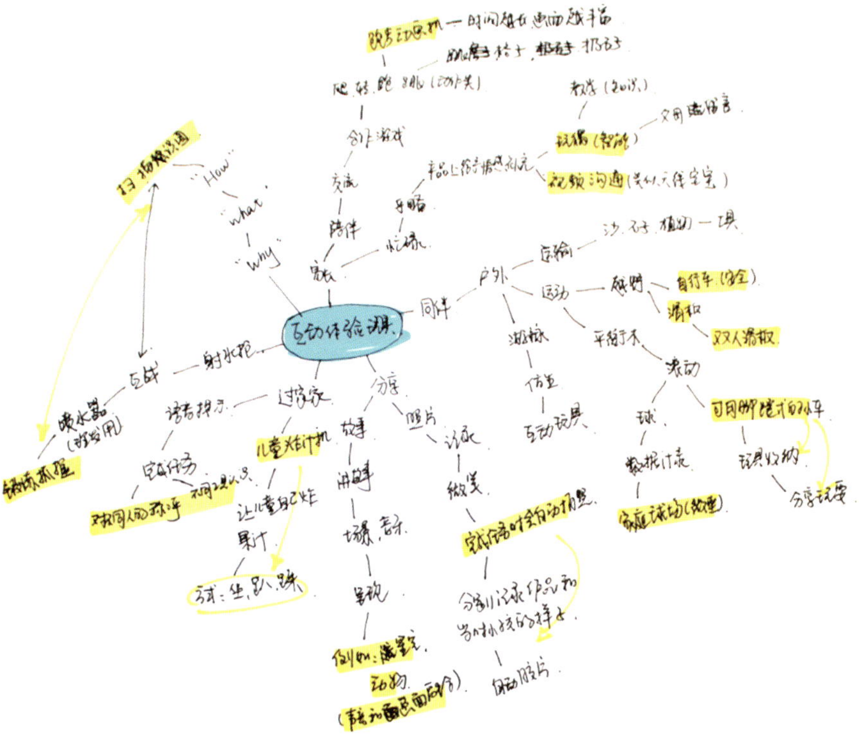

图 6-9 头脑风暴

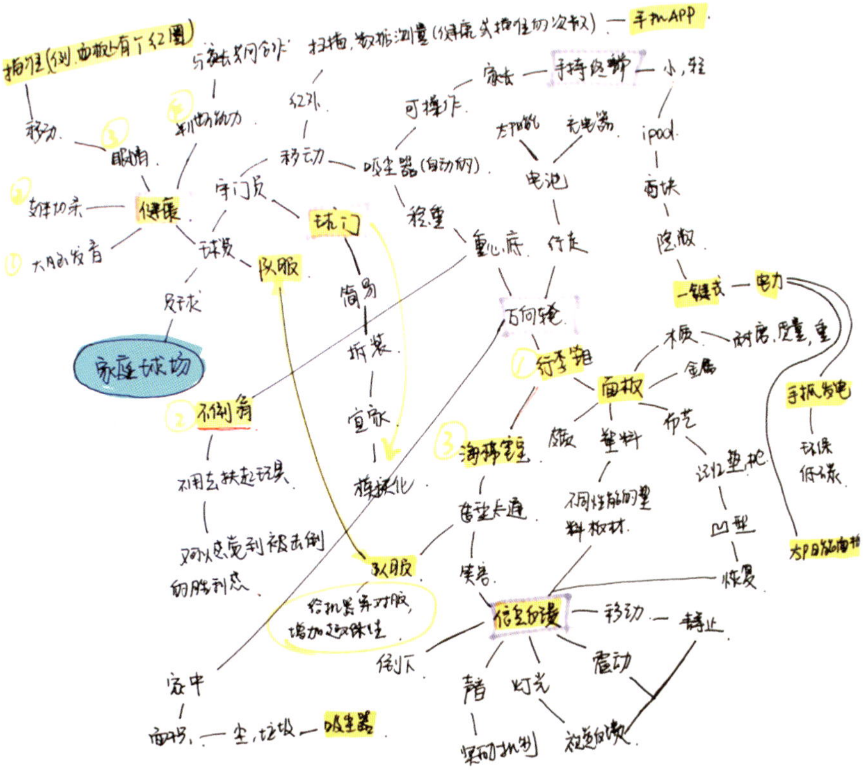

图 6-10 家庭足球场思维发散图

（1）提高消化系统的功能。足球运动是一项全身性的体能运动，对提高运动能力，增进身体健康是非常有帮助的。高强度的肢体运动，可以帮助学龄前儿童提高消化系统的功能，增加体内营养物质的消耗，使肌体代谢增强，提高食欲。

（2）改进神经系统的功能。经常踢球，不断对外界环境的刺激产生应答性的反应，从而可以提高神经系统工作过程的灵活性。

（3）增强运动系统的功能。运动系统主要由骨关节和骨骼肌组成，经常踢球，可使骨骼变长变粗，并能增强骨骼的支撑力和抗击力，利于身体发育生长。

（4）提高身体对外界环境的适应能力。足球运动可以帮助训练孩子的晶状体调节功能，对视力有极大的帮助，防止孩子从小受到iPad及手持电子游戏屏幕的伤害。

（5）提高团队协作能力、组织能力和决策能力。足球运动不是一个人的运动，它是一个团队协作的运动项目。经常进行足球运动，可以提高儿童的团队协作能力、组织能力和决策能力。

（6）锻炼思维能力。德国儿童医学专家研究表明，运动能够使大脑处于相对放松的状态，人的想象力会从多种思维中解脱出来，变得更加敏捷，因而更有创造力。同时，运动还能增强脑中多种神经递质的活力，使大脑思维反应更加敏捷快速，并能提高心脑功能，加快血液循环，使大脑享受更多的氧气，提升智力。

6.4.2 阶段二——问题与概念的碰撞

6.4.2.1 使用方式

当游戏开始时，硬件设备会在一定的范围内左右移动，儿童需要在一定的距离内，将球射击到硬件的面板上，当硬件面板受到撞击时，会给予信息反馈，如声音、画面、震动、摇摆、光影等效果，传达出教育、奖励、赞美等话语（图6-11）。

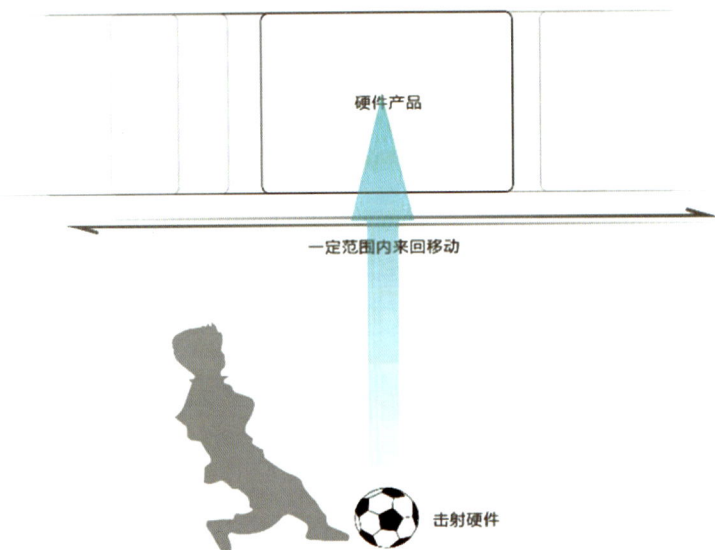

图6-11 游戏玩法概念示意图

6.4.2.2　材料方案

1. 选择材料

针对学龄前儿童对物体形体感知的训练提出概念，选择适用设计材料——记忆海绵和木材。木材主要作为基础的硬件设计材料，记忆海绵材料的选用是因为其本身具有回弹性的特点（图6-12）。

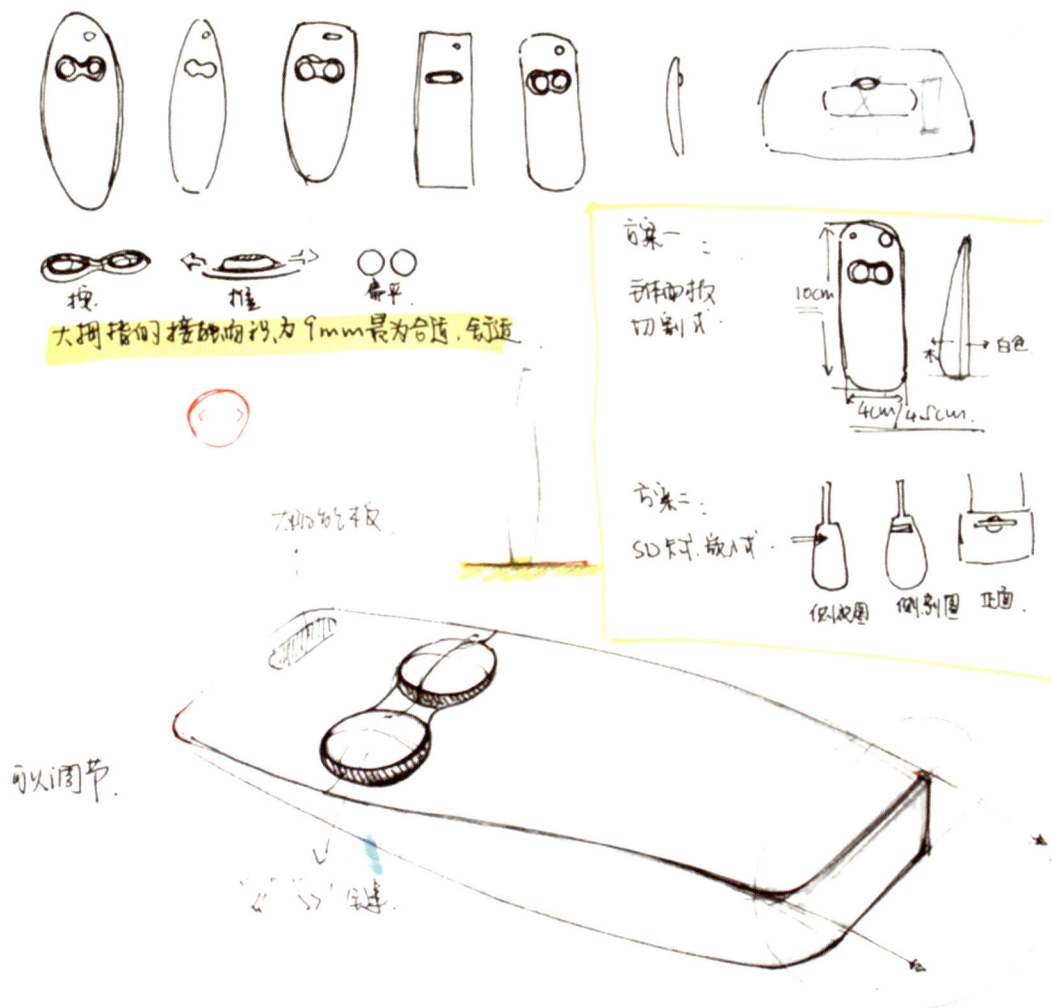

图 6-12　记忆海绵的调研材料

2. 验证材料

针对优选的设计方案，对记忆海绵材料的回弹性做反复的测试检验，来研究基于学龄前儿童的下肢力量以及确定球体接触面积是否能够造成明显的海绵凹凸效果，回弹性是否直观。图6-13所示为记忆海绵回弹性实验现场。

实验测试结果发现，球自由落体在记忆海绵上的瞬间，记忆海绵的凹凸效果并不明显，球体与记忆海绵的接触时间也仅有0.1秒，无法达到预期效果。当球体静止在记忆海绵表面，

图 6-13　记忆海绵回弹性实验现场

手掌对其静态施力使其凹陷，然后立刻拿起足球，回弹效果明显，回弹时间为2秒。但是考虑到学龄前儿童的下肢力量较弱，儿童对于体感形变的认知需要记忆海绵有非常明显的变形，所以方案一不是最优方案。

6.4.2.3　形态探讨

1. 形态与功能的协调

基于对材料的调研，开始对产品的造型进行推敲，提出了7个造型方案，最终优选出1个设计方案，进行了记忆海绵回弹力度实验测试。图6-14和图6-15是造型构想的初步方案设计草图，图6-16所示是优选方案及结构图。

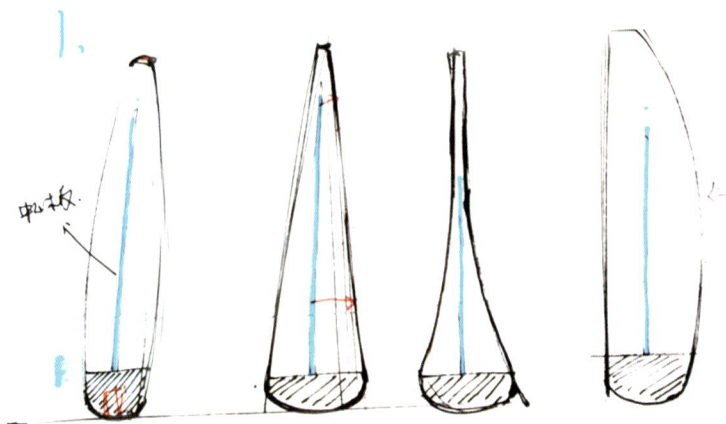

图 6-14　造型构想草图

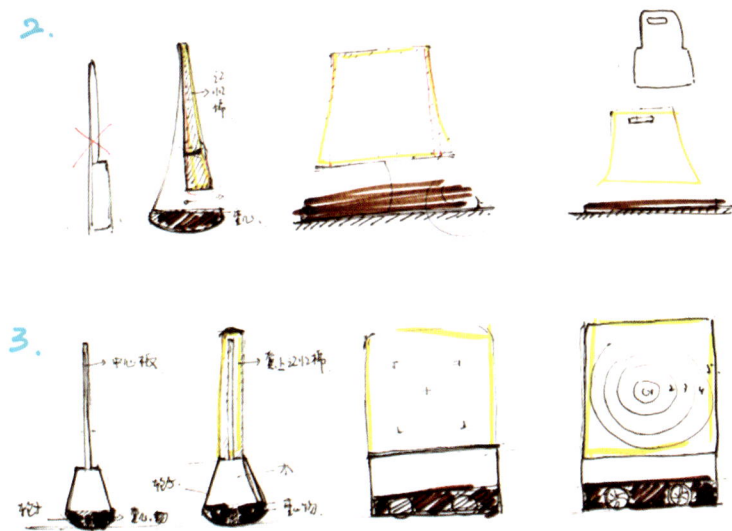

图 6-15　造型构想草图

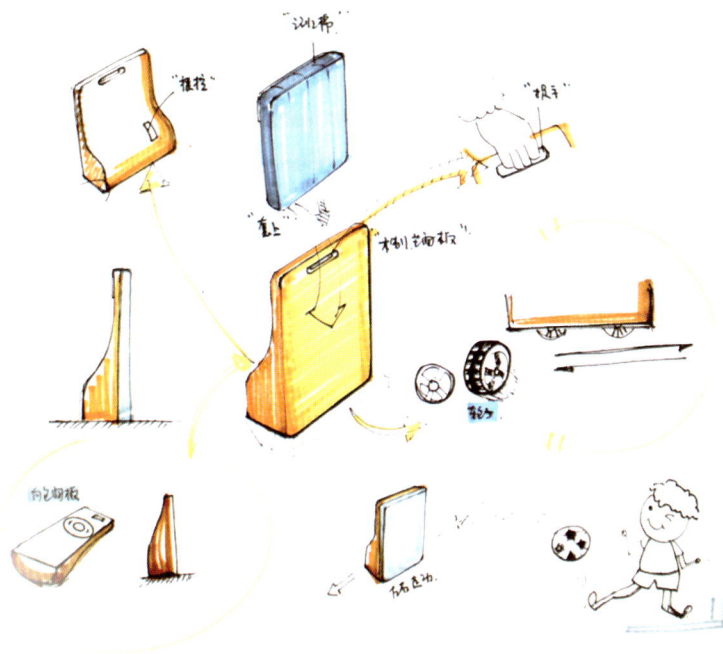

图 6-16　优选方案及结构图

2．产品侧面细节形态探讨

对玩具的侧面造型进行头脑风暴，提出了32个侧面造型，再结合学龄前儿童的一些日常行为和习惯，选择其中7个造型进行了造型分析，从7个造型分析中，根据材料和造型的可塑性选定5个进行二维手绘表达，最终选定一个造型方案为最终的优化方案。图6-17所示为32个侧面造型方案图及选定的7个方案图。

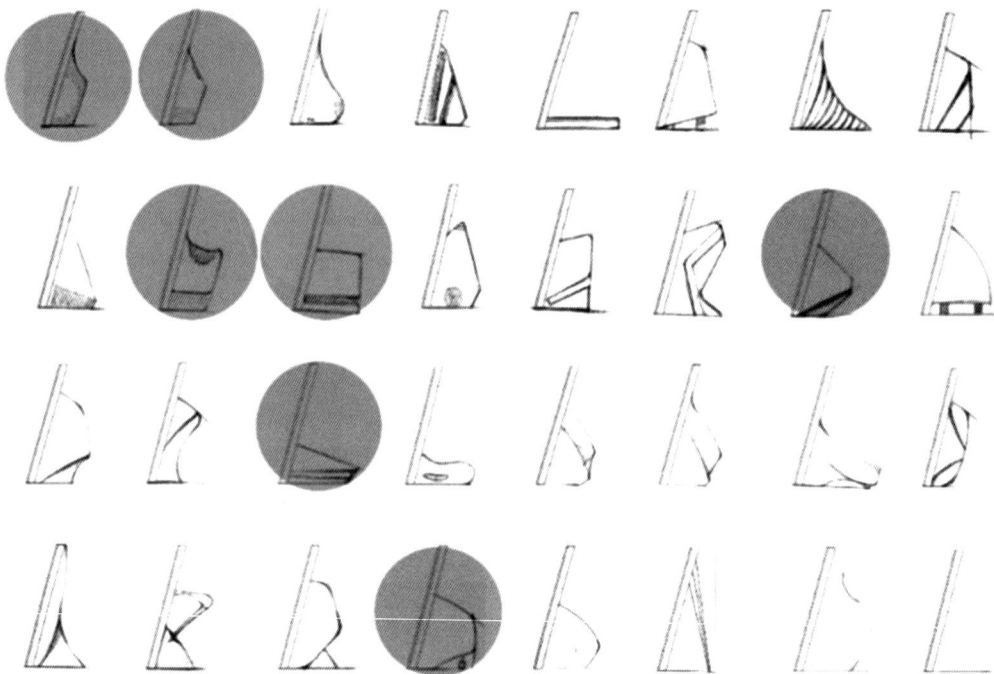

图 6-17　32 个侧面造型方案图及 7 个选定方案图

3．绘制产品侧面造型透视图及结构爆炸图

根据7个侧面造型，进行了一系列的透视图绘制，在手绘过程中寻找造型的灵感和确定人机关系以及使用的方式，提出了稳、飘、动、速、简、坐、滑等关键词，然后进行相关的造型构想，提出了5个较为合理的造型方案，进行二维草图绘制。图6-18是7个侧面造型透视图的部分草图，图6-19所示为产品的结构爆炸图。

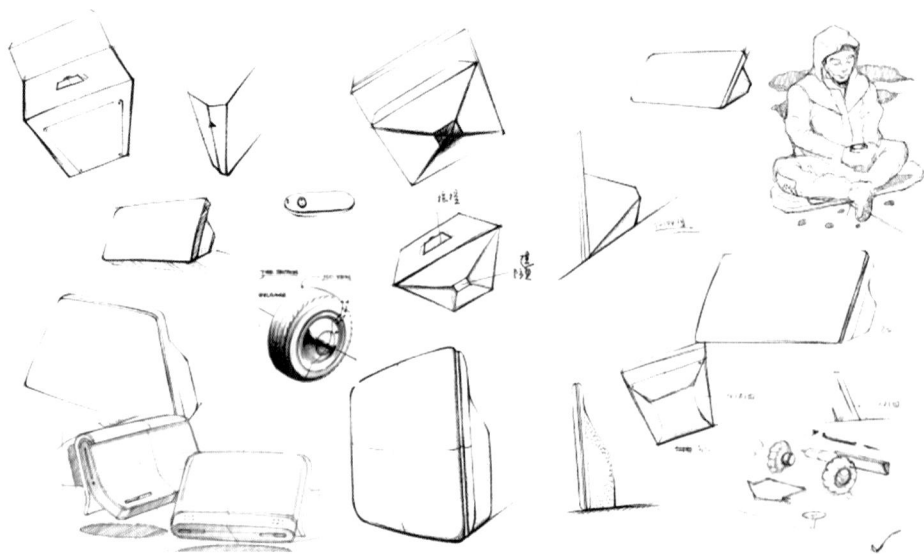

图 6-18　部分透视图

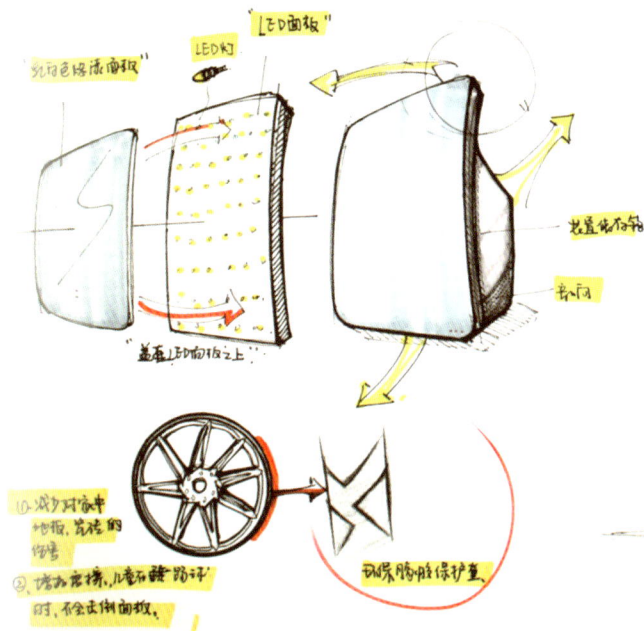

图 6-19　产品结构爆炸图

4．确定方案

最终确定的方案如图6-20所示。从图中可以看出，该造型较为大胆，易给人造成不稳定的假象。但是该设计整体造型有北欧极简家居的风格，和家庭环境的融合度较高，侧边大斜度的切面增强了其造型立体感，背面的音响居中安放，提高了音响的立体音质，同时没有外露的细小零部件和锋利的角面，也满足了学龄前儿童需要的安全原则。

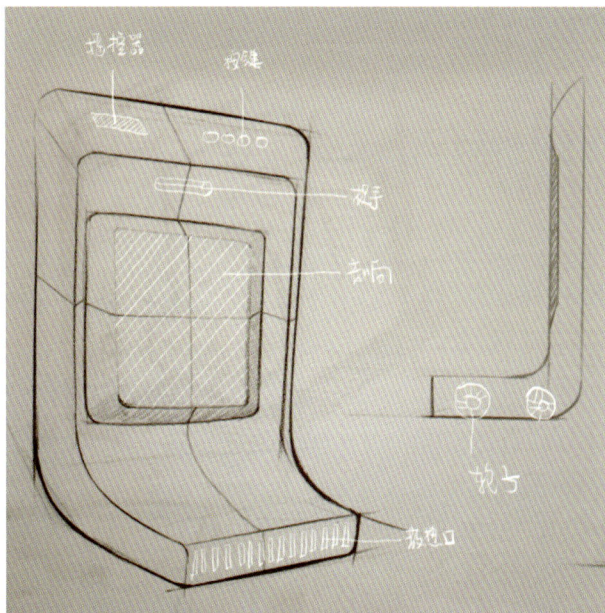

图 6-20　优选方案草图

6.5 最终方案确定

6.5.1 部件图

各部件如图6-21所示。

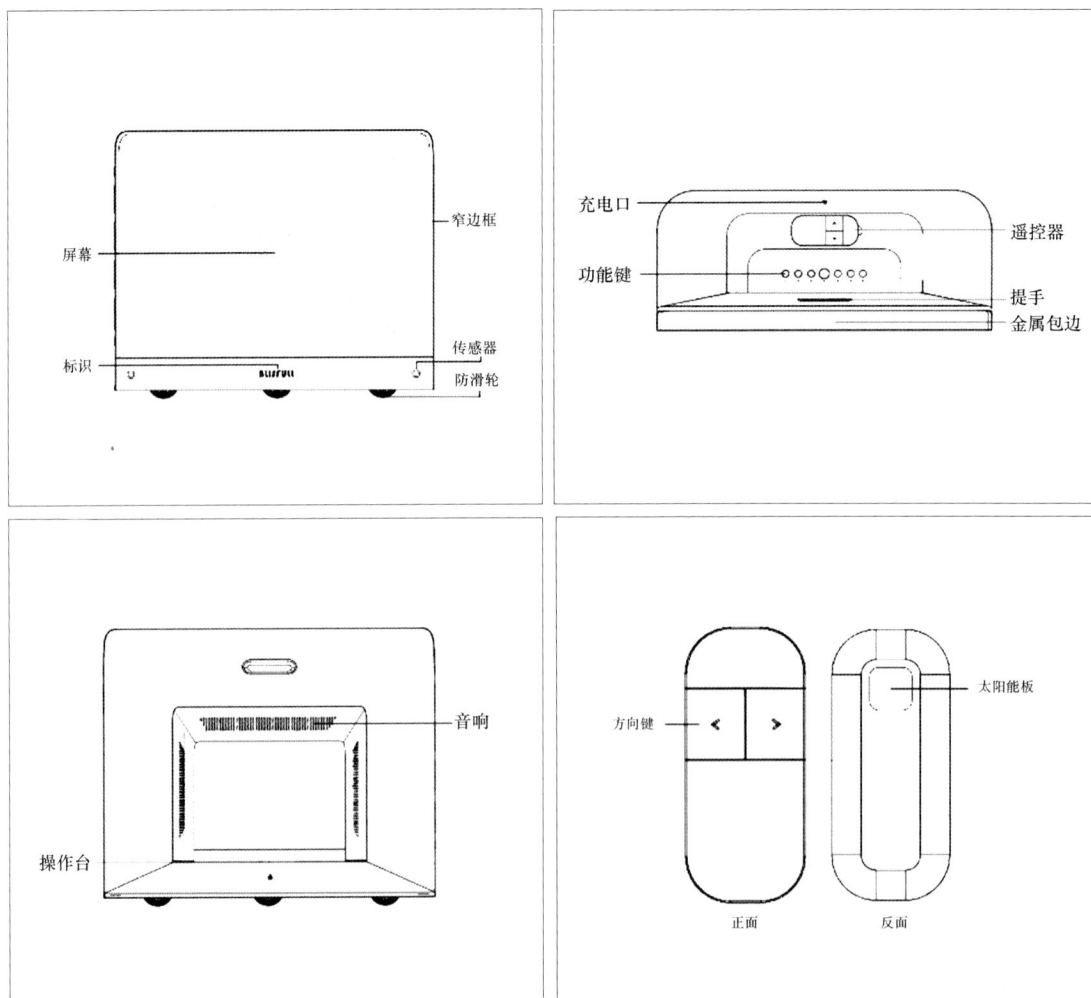

图6-21 产品各部件说明图

使用方式说明：

（1）屏幕。游戏界面呈现。

（2）窄边框。保护显示屏。

（3）防滑轮。完成产品的移动功能，防滑纹理增加与地面摩擦力，防止产品倾倒。

（4）充电口。考虑到该产品的移动功能以及会在户外使用，因此采用充电装置。

（5）遥控器。家长与孩子互动使用。

（6）提手。将产品提到户外使用时，方便拿取。

（7）音响。在游戏过程中，通过音响播放音乐，提高人的参与感。

（8）操作台。操作台上，有一排功能键，完成相应游戏模式的选取和音量调节。

（9）太阳能板。考虑到遥控器的耗电量极低，为增强人的环保意识，使用太阳能板充电。

6.5.2　使用情境图

通过对以上的需求和特点进行分析，针对儿童独处情境下玩游戏的专注度提出了一个设想，试图在本次玩具设计开发中，将儿童独处情境下的游戏功能设计偏向于益智教育方向。通过屏幕以及音响对儿童做出的动作和踢射球到屏幕的不同情况给予不同的反馈，如鼓励的声音、动听的儿歌、与屏幕显示内容相符的教育类语音。图6-22所示是儿童在独处情境下使用玩具的情景。

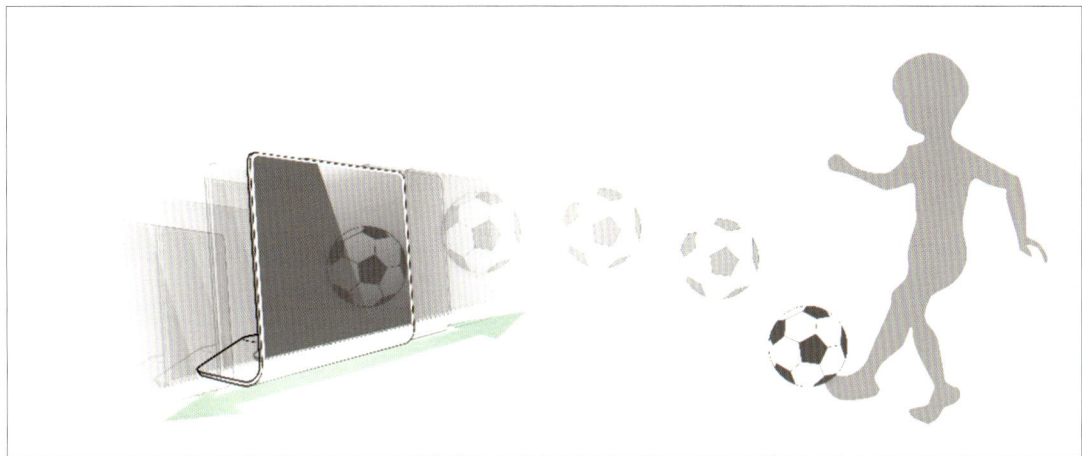

图 6-22　儿童在独处情境下使用玩具的情景

家长有时间的情况下，可以拿起遥控器，和孩子一起玩耍，增加与孩子的互动，增进情感（图6-23）。

另外，也可以通过这款玩具，在短时间内将彼此陌生的孩子聚集在一起，以足球赛的方式来培养他们的沟通能力以及团队合作的意识。家长只需要将玩具放置在一个空旷的地方，邀请多个孩子，便可以就地开启一场别开生面的足球赛了，如图6-24所示。

图 6-23　家长与儿童互动使用玩具的情景

图 6-24　儿童在团队互动情境下使用玩具的情景

6.5.3　产品尺寸比例图

图6-25所示是学龄前儿童身高最小值和最大值与玩具的对比关系。

图6-26所示是学龄前儿童身高最小值至身高最大值区间内，部分阶段身高与产品的比例关系，可以看出，该玩具37厘米的高度在整个学龄前儿童成长阶段，都在儿童的下肢长度区间内，稳定性高。

设计时综合考虑了玩具的使用效果和造型美感，将玩具的前面板屏幕整体倾斜5°，提高了学龄前儿童使用该玩具时的可视程度，方便其更好地使用玩具（图6-27）。

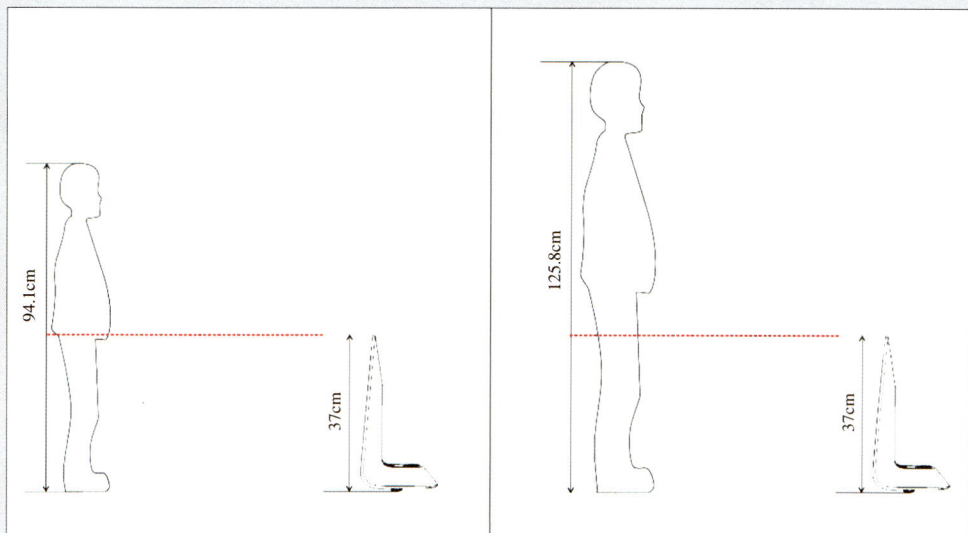

图 6-25　学龄前儿童身高最小值和最大值与玩具的对比关系

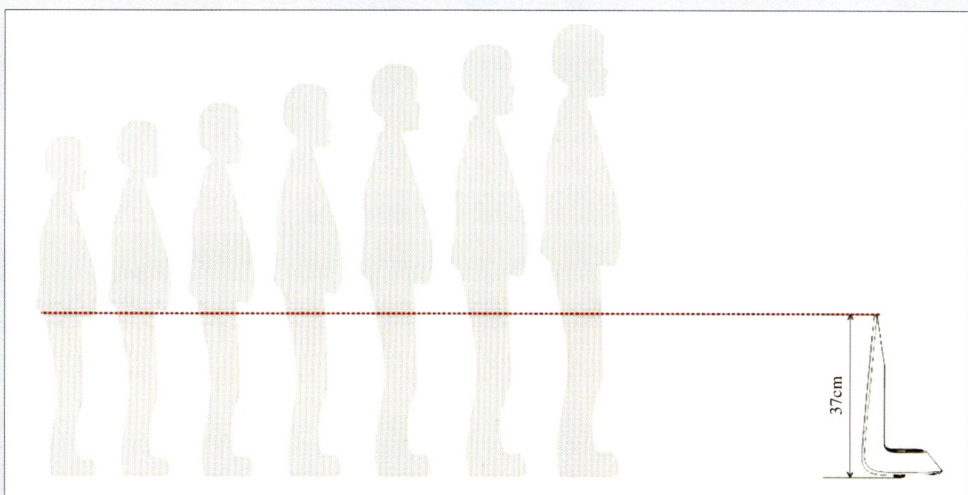

图 6-26　学龄前儿童身高变化与玩具尺寸对比

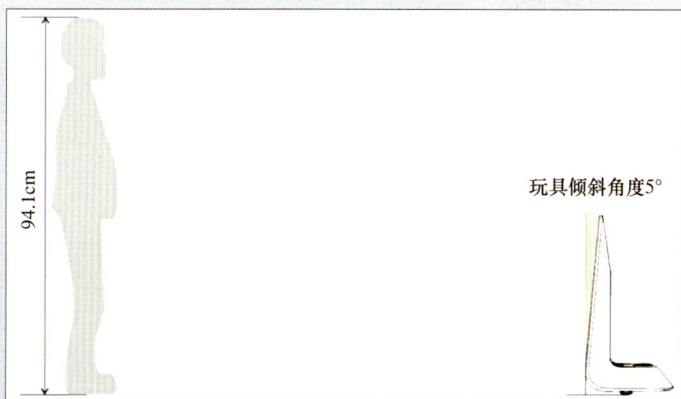

图 6-27　儿童观看屏幕的解析图

6．5．4 效果图

图6-28至图6-31所示为玩具不同侧面的效果图。

图 6-28　玩具正面图

图 6-29　玩具透视图

图 6-30　玩具背面透视图

图 6-31　玩具背面图

6.5.5　展示版面

图6-32所示为玩具版面展示图。

图 6-32　版面展示图

参 考 文 献

[1] [美]卡尔·T·乌利齐, [美]史蒂文·D·埃平格. 产品设计与开发[M]. 5版. 杨青, 吕佳芮, 詹舒琳, 等译. 北京: 机械工业出版社, 2015.

[2] [美]贝拉·马丁, [美]布鲁斯·汉宁顿. 通用设计方法[M]. 初晓华, 译. 北京: 中央编译出版社, 2013.

[3] [荷]代尔夫特理工大学工业设计工程学院. 设计方法与策略: 代尔夫特设计指南[M]. 倪裕伟, 译. 武汉: 华中科技大学出版社, 2014.

[4] [美]威廉·立德威尔, [美]克里蒂娜·霍顿, [美]吉尔·巴特勒. 通用设计法则[M]. 朱占星, 薛江, 译. 北京: 中央编译出版社, 2013.

[5] 张凌浩. 下一个产品: 产品专题设计研究[M]. 南京: 江苏美术出版社, 2008.

[6] 郑建启, 李翔. 设计方法学[M]. 2版. 北京: 清华大学出版社, 2012.

[7] 李彦. 产品创新理论及方法[M]. 北京: 科学出版社, 2012.

[8] 侯光明, 等. 创新方法系统集成及应用[M]. 北京: 科学出版社, 2012.

[9] 李彦, 李文强, 等. 创新设计方法[M]. 北京: 科学出版社, 2013.

[10] [美]德内拉·梅多斯. 系统之美: 决策者的系统思考[M]. 邱昭良, 译. 杭州: 浙江人民出版社, 2012.

[12] 杨裕富. 创意活力: 产品设计方法论[M]. 长春: 吉林科学技术出版社, 2004.

[13] [英]贝弗里奇. 发现的种子[M]. 金吾伦, 李亚东, 译. 北京: 科学出版社, 1987.

[14] 张学东. 产品系统设计[M]. 合肥: 合肥工业大学出版社, 2009.

[15] [美]Donald A.Norman. 未来产品的设计[M]. 北京: 电子工业出版社, 2009.

[16] 桂元龙, 杨淳. 产品设计[M]. 北京: 中国轻工业出版社, 2014.

[17] [美]克里斯蒂娜·古德里奇. 设计的秘密: 产品设计2[M]. 刘爽, 译. 北京: 中国青年出版社, 2007.

[18] [德]伯恩哈德·E·布尔德克. 产品设计——历史、理论与实务[M]. 胡飞, 译. 北京: 中国建筑工业出版社, 2007.

[19] [美]汤姆·凯利, [美]乔纳森·利特曼. 创新的艺术[M]. 2版. 李煜华, 谢荣华, 译. 北京: 中信出版社, 2010.

[20] [美]Jonathan Cagan, [美]Craig M.Vogel. 创造突破性产品: 从产品策略到项目定案的创新[M]. 辛向阳, 潘龙, 译. 北京: 机械工业出版社, 2004.

[21] [美]Kevin N.Otto, [美]Kristin L.Wood. 产品设计[M]. 齐春萍, 宫晓东, 张帆, 等译. 北京: 电子工业出版社, 2011.

[22] 杨向东. 工业设计程序与方法[M]. 北京: 高等教育出版社, 2008.